超好学禅式修身术

禅が教えてくれる美しい人をつくる「所作」の基本

[日] 枡野俊明 著
则慧 罗秋意 译

SD 北京时代华文书局

图书在版编目（CIP）数据

超好学禅式修身术 / （日）枡野俊明著；则慧，罗秋意译 . -- 北京：北京时代华文书局，2024.10. -- ISBN 978-7-5699-5546-0

Ⅰ . B825-49

中国国家版本馆 CIP 数据核字第 2024A8K327 号

ZEN GA OSHIETEKURERU UTSUKUSHII HITO WO TSUKURU "SHOSA" NO KIHON
by Shunmyo Masuno
Copyright © SHUNMYO MASUNO, GENTOSHA 2012
All rights reserved. Original Japanese edition published by Gentosha Publishing Inc. This Simplified Chinese edition is published by arrangement with Gentosha Publishing Inc., Tokyo in care of Tuttle-Mori Agency, Inc., Tokyo through Pace Agency Ltd., Jiangsu.

北京市版权局著作权合同登记号 图字：01-2022-3807

Chao Haoxue Chanshi Xiushenshu

出 版 人：陈　涛
监　　制：书与美好生活
责任编辑：谭　爽
责任校对：薛　治
装帧设计：张冬艾
责任印制：刘　银　訾　敬

出版发行：北京时代华文书局 http://www.bjsdsj.com.cn
　　　　　北京市东城区安定门外大街 138 号皇城国际大厦 A 座 8 层
　　　　　邮编：100011　电话：010-64263661　64261528

印　　刷：三河市兴博印务有限公司
开　　本：880 mm×1230 mm　1/32　　成品尺寸：140 mm×210 mm
印　　张：6.75　　　　　　　　　　　字　　数：104 千字
版　　次：2024 年 10 月第 1 版　　　印　　次：2024 年 10 月第 1 次印刷
定　　价：49.00 元

版权所有，侵权必究
本书如有印刷、装订等质量问题，本社负责调换，电话：010-64267955。

推荐序：禅心的领悟

我们身处一个新旧能量交替的时代。从物质过剩到精神追求的回归，从西方到东方，越来越多的人选择极简、朴素、有意义的生活方式。也有人受困于物质世界，力图拥有更多，而无法享受已拥有的，心识与念头时常左右冲突，如风中烛火。当现代文明以匆促的脚步推进时，一个人拥有祥和、清净及活在当下的心，是一件非常珍贵的事。

这样的一颗心，是训练、调伏之后的显现。它意味戒律、精进、洞见、定慧实相。读枡野俊明先生的书，能从中感受到这股气息。作为日本僧人、教授、禅院设计师，他融会贯通，运用日本文化和禅宗美学思想，借庭修行，得以"开悟"。

他是这个喧嚣时代里的一盏孔明灯，于虚空高处，自由且明亮。一切缘起，皆为从小受父亲的影响，接触禅宗，为日后的生命和情感奠定了修行的方向。他习惯反思、积累经验、精进克己，成就了今天的觉者。且，他为世人提供了禅式修身、工作及生活的文本（没有很多形而上的思辨与说教，多是日常状态显化）。

他说："生活本身就是禅——如果你用心和灵魂来做事，所有的事情都会散发出'事物的真实'。"

那么，"事物的真实"也是我们内心的投射。是禅心的写照、智慧的升起。在很多人看来,禅的世界晦涩难懂,需要避世才能悟道。事实上,德律是禅、劳作是禅、生活是禅。只有经由尘间俗世、烟火日常的熏陶、锤炼,才能让我们的心如容器,盛载与照见灵魂深处的美与优雅。

每次翻看枡野俊明先生的书,总能从中得到安慰和鼓舞。他传达出的美与洞识,直抵世间真相;其精神意念,充满善意。当我们的激情被现实堵死,自身能量与外部世界无法很好地流动时,或许智者的经验,能让我们放慢脚步,不被虚假所惑,安住当下,于无声处,找回内心深处的从容与富足。

借助人与人、人与自然、人与万物的关系,于生活中修行,视为禅心;人若能颠覆习性、觉知情绪源头、活出本自具足的光明,视为佛性;持之以恒,借事修心,借物克己;顺时不骄,逆境从容,视为开悟。

世间万法相通,道法自然,我们虽然国度、语言、身份不同,但并不妨碍通过阅读获得某种确认与支持。比如:发现本心,不忘初心。

我们活在世间,但不属于世间;我们虽身处尘埃俗世,心却可照破山河万朵。人类的福祉,并非只是为了感官与物质刺激与满足;我们拾得生命结晶,除了认识自己是谁,更重要的是,带着臣服与爱去生活,活出潜能;亦回归内心深处的澄澈、自在及明朗,并以此分享。

心性的返璞归真，需要禅修的基本的训练。作为一名修习禅法的僧人，枡野俊明先生在书中提供了很多方便的法门。你也可以说，这些看似日常、简单的心法与方法，是内观、顿悟的必修课，是正道、正见、正命的见地及智慧的种子。

禅宗讲究顿悟，直见本性。曾经有位中国人跟随枡野俊明先生学习园林制造，被要求每天摘松树叶子。在枡野俊明先生看来，如果心中有杂念，捡松叶这件事都做不好，更无法学好园林设计；另外，就算是简单无趣的作业，重复去做，也会有不同的发现，这就是一种锻炼人的修行。所谓禅心，没有一边做这事、一边想那事的可能。

不可否认，我们所处的时代是破碎的，如何关注自然与日常，不失专注与热爱地去生活，朴素且踏实地与世间纷繁过招，回归内在宁静与丰盈，是需要考虑的问题。

"一朵花绽放，就有成千上万的花朵绽放。"我想，于时间洪流里，喧嚣尘世间，每个人能从自身做起，保持身、语、意的正知、正念、正行，就能净化身心，破除烦恼，收获喜乐、自由、真诚、公平、有爱心的生活。无论外界如何变迁，信念、德行、慷慨、诚实及智慧是亘古不变的真理，它照见人性的真、善、美；活出美丽人生，为这个世界的丰盈与芬芳供奉自己的心力，自觉、清醒、如实地存在过，才可以说，人生不易如反掌，但你没有回避，且活成了自己。

　　人非生而完美，但可以完整。我有信心推荐这本书给你，是因为枡野俊明先生聚集了洞识、心流、仁爱的德行。这本书教给我们的除却答案，还有生命无量之网中，我们如何更好地理解自己与万物的关系，从而照见身心之优雅、充盈、朴素及美。

　　每本书都如同镜像，倒映作者内在修行。枡野俊明先生在书中闪现的智慧灵光，源于日日践行。相信你也可以经由它自我体证，回归自性、获得解脱。一颗受过训练的心，就是静水深流、生生不息、定慧一体的显现。

　　禅心如莲，你如是。愿这本书与你的缘分，如同池城花开，不期而遇。

　　谢谢！

蒋婵琴
于深圳，2024 年初夏

前　言

端正言行举止，使心灵、身体、生活变得更美妙

我是一名修习禅法的僧人。虽然我不知道大家对"禅"有什么印象，但我认为，禅就是把多余的东西删除到一种极致的地步，使事物变得单纯，是具有突破事物本质的敏锐、深刻和宽广。

我现在的工作是设计禅院，以禅院的布局形式来表现禅的思想。参观禅院的时候（在日本众多的禅院中，众所周知的有京都龙安寺的石院等），我想没有一个人认为它们不美。即使不熟知禅的人，只要一面对禅院，这种美也会使内心变得宁静祥和，杂念顿消，越发使人感觉神清气爽吧。

现今社会，充满了物质和信息，千变万化都在瞬息间，消费也如此迅速。在这样的社会现实下，我觉得日本的美在渐渐地消逝。

但是，日本人一直拥有一种发自内心深处的美，不过度也不动摇，坚韧含蓄地生活在世上。

这究竟是一种什么样的美呢？

从禅的思想来看的话，就很容易理解了。禅聚集了很多的智慧，可以使人生活得更美妙。

"威仪即佛法，作法是宗旨。"

这是一句禅语,是指一切行为动作,只要符合了礼仪作法,它就是佛法;或者说,能在日常生活中端正自身的言行举止,这种作法就是禅的修行。

"行住坐卧"之中,都有禅的修行。站着、坐着、休息、散步,每一个举止行为的本身都是修行;换句话说,所谓禅的修行,就是端正我们的一切言行举止。

为了净化内心,首先要从端正自己的言行举止开始,由此进入禅的修行。如果端正了身体的言行举止,内心也自然而然地随之调柔净化;如果内心变得宁静祥和,自然会流露出柔和慈悲的爱意。

反之,一旦行为举止散乱了,心也会随之而乱,说话的态度自然而然地就随之散漫,这就是自然流露。比如,言谈的方式变得具有攻击性,说出的话很容易自私而任性起来。如果生活中用这样的态度,随着时间的推移,在社会上就会树立很多的敌人。如果任其发展,当你发觉的时候,或许已经被社会孤立了。

如果端正了言行举止,内心就会变得清净,举止也会变得从容;这样的话,你在别人眼中就是一个优雅的人。更重要的是,你可以愉快地生活,身心也会更加强大起来。

那么,尽快端正言行举止吧。一旦端正了言行举止,身心就能自然而然地散发出正能量,人生也会开始步入辉煌的时段。

枡野俊明

目 录

第一章 举止优雅，心亦优雅

因为举止优雅，内心也会变得美好　002
举止稳重，心灵也随之安详　005
削减至空无的地步，才会被赋予生命力　008
你内心自然流露出的优雅，才是真正的美　011
调身、调息、调心：保持寂静安详的境界　013
触不到美的本质和精髓，就无法使自己真正变美　016
端正身体、语言和内心，散发出坚韧的美　019
举止不安，心亦难平　021

第二章 观照姿态，展现内心美好

挺直后背走路吧，从现在就能做到　026
身体某些部位，需要保持一条直线的状态　028
"半眼"和"正坐"，感受宽容和疗愈　031
早上出门前，养成观照姿势的习惯　034
调整好呼吸，内心也能达到平静安定的状态　036
在呼吸时，要把意识集中在丹田　038
仅仅改变呼吸的方法，就能调出身体的潜能　041
照顾脚下，展现内心美好状态　044
手之所作，心之所现　046

i

第三章　调整内心，认真对待每一刻

举止有度，心即规矩　050

比举止更难的是调整内心　052

认为别人很完美，就模仿十天　055

爱语由爱心而生，具有翻转万物的能力　057

养成每天早晨双手合掌的习惯　061

光脚生活，唤醒一个小小的大自然　063

找一条小道，慢慢地体会散步　066

不踩榻榻米的边缘　068

把手共行，和内心深处的真诚慈悲牵手　070

收拾并不是善后，而是为下一次做准备　072

吃饭的方法 1
不仅不能吃得太饱，食材也要注意　074

吃饭的方法 2
用食器，行为举止自然优雅　078

吃饭的方法 3
怀着感恩之心用餐，姿势端正有礼　081

美好地度过早晨的方法 1
早起生善缘，让身体充分苏醒　084

美好地度过早晨的方法 2
专心打扫，心灵的尘埃也随之飘散　086

美好地度过早晨的方法 3
心行合一，仔细地做早上应该做的事　088

美好地度过早晨的方法 4
活动刚睡醒的身体，邂逅每一刻时光　090

美好地度过早晨的方法 5
打开窗户给室内换上新鲜空气，深深地呼吸　092

美好地度过早晨的方法 6
早晨用腹式呼吸，从丹田发出声音　094

美好地度过夜晚的方法 1
以睡前三小时为界限，一天的工作在这里结束　096

美好地度过夜晚的方法 2
让心安静之后再去休息　098

美好地度过夜晚的方法 3
让身体休息，固定就寝时间　100

美好地度过夜晚的方法 4
半夜不想事情，不让内心被不安占领　103

优美的仪容 1
服装是一种生活态度，可以传达出你的内心　106

优美的仪容 2
对衣服有敬意，看上去会更加闪耀动人　108

优美的仪容 3
有清洁感的人，也给人一种心灵清明的印象　110

优美的仪容 4
对颜色保持丰富细腻的感受，找到适合自己的　112

优美的仪容 5
不知道如何是好的时候，请保持最根本的利他心　115

过着和花儿心灵相通的生活，是多么美好　118

爱惜老旧之物，感受人的温暖　120

不悔过往，不忧未来；即今、当处、自己　122

第四章　以心传心，善待他人

语先后礼，可以让语言更好地传达给对方　126
想着对方，真心实意地写好每一个字　128
每一个生命都值得尊重　131

怀着尊敬的念头面对长辈　　133
直接的话语，比线上沟通的信赖感更高　　135
表达感激的做法 1
感谢的话要在感受到的时候马上说出来　　139
表达感激的做法 2
用正式的书信表达感谢，会显得更加真诚　　141
款待的姿态，存在于以心传心的世界里　　144
饮食的款待 1
一期一会，以过去、现在、未来三种食材　　147
饮食的款待 2
根据季节变化使用不同食器，与每一刻的自然充分调和　　151
饮食的款待 3
不必拘泥于菜单上的规制，用心制作料理　　154
茶的款待 1
不过是茶，然而是茶　　157
茶的款待 2
舍弃外物，举止和内心融为一体　　159
如何跟手机、短信、电脑打交道 1
一封信有着胜过十通电话的温柔　　161
如何跟手机、短信、电脑打交道 2
桌面上只留下与"现在"有关的文件　　163
美点凝视，专注地去发现对方的优点　　166
公共场合 1
不要笑话老人，你将来也会成为这样　　168
公共场合 2
你扔下的一件垃圾，不断吸引着其他垃圾的到来　　170
公共场合 3
忘我而为他人，乃慈悲之极致　　172

第五章　爱物惜物，感受人的温暖

使用风吕敷吧，让你的心意传达出传统香气的品味　176
身边常备擦手巾，体会日本人的生活智慧　179
用水将地板洗净，郑重地等待客人光临　181
款待客人时最好使用方便筷　183
千江同一月，随着月龄日历生活　185
珍惜和家人在一起的时间：可以的话三代人一起住吧　187
即便有点贵，也要买真正喜欢的东西　189
再利用，给物品注入新的生命　191
舍弃之后所充满的，一定是更美好的生活　194
要成为优雅的人，接触日本文化不可或缺　196

后记　体会"美"，拥有"美"，活出"美"　198

第一章

举止优雅,心亦优雅

因为举止优雅，
内心也会变得美好

说起"日常举止"，也许很多人会想到站着或坐着时的动作，或是身体活动的方式。确实如此，当我们听到别人谈论某个人的言行举止很优雅时，往往会联想到轻盈的动作，优美的身段。

但是，所谓的日常举止，不仅仅是身体的动作，还有更特别的内涵表现出来。

请尝试着想象一下两种对比鲜明的打扮：一个人穿着平日的休闲服装，而另一位穿着珍藏许久的礼服，再配上一双高跟鞋（如果是男性，穿上典雅的西服，系上令人赏心悦目的领带）。如果这两人共同去出席华丽的宴会……那么，两种风格的打扮，所表现出来的言行举止，自然会有不同之处吧。穿着休闲服饰的时候，举止总显得很随意；但是，穿着正式服装时，内心会有庄重的感觉，言行举止也变得小心谨慎起来。就像这样，穿着不同，言行举止就会随之有变，内心的状态也会发生变化。也就是说，言行举止能够映射出内心，表现心灵的状态。

关于生活中的言行举止，本书主要使用"举止"一词来代替。首先，希望大家知道举止和内心有着深厚的联系。当我们看见举止优雅的人，会觉得"很漂亮呀""好帅啊"，这个时候，我们其实是被这个人的内心之美所感染。因为举止优雅，内心也会变得美好；举止稳重，心灵也随之安详。

此外，值得一提的是，有的人即使外表平凡，算不上美男子或美女，但也很有魅力，总让人觉得"很美啊！"大家想想这是什么原因呢？

或许是因为，这样的人，他的举止是优雅的吧！事实上，举止优雅的人，他的每一个动作都是自然的流露。因为优雅的举止，没有丝毫的故弄玄虚，所以让人觉得"不知道为何这么有魅力"。

迄今为止，我接触过许多高僧大德，越是德高望重的人，举止越优雅。

因此，如果你还有"什么举止呀，不就是个形式吗"的想法，请马上抛开这种观念。

因为，端正举止就是净化心灵，锤炼举止就是磨炼心性。而且一定要知道，端正举止与净化心灵相比是比较容易做到的，这一点非常重要。

举止稳重，
心灵也随之安详

　　佛经里面说，万事万物都有其"因"，只要具备"缘"的条件了，就有结果的产生。例如，一粒黄瓜种子，放在仓库里面，不管等多久都不会发芽。但是，如果把种子播种到农耕过的肥沃的田地里，每天浇水，勤除杂草，细心地维护它的生长环境，当有了这些条件之后，种子就会发芽，逐渐成长，然后就能收获果实，这就是所得的"果"。黄瓜种子就是"因"，满足其发芽成长的相关条件即是"缘"，只有"因"和"缘"都具备了，才能成为"因缘"，最终方能有美好的结果。宇宙间的任何事物都像这样存在于世，这就是佛教的观念吧。

　　人生也是如此，因为有了"缘"才能构成人生。"缘"

可以使人生迈向幸福；反之，"缘"也可以使人生承担不幸的苦恼，所以，结什么样的缘就有什么样的人生。

"这就是我的命，我无法改变；这是我的宿命，我无可奈何！"有这样的想法是不对的。人不论何时都要结善缘，这样才能变得幸福起来。

那么，怎么去结善缘呢？这是非常重要的一点。

要端正自己的身、口、意三种业。就是说在生活中，要端正身体、语言和心灵，这就具备了结善缘的全部条件。

首先是"端正身业"，就是规范的举止。不仅要端正每一个动作姿势，而且要合理合法，要尽可能地维护他人利益，毫不吝啬地奉献自己的一切，这就是端正身业。

通常来说，人们很容易以自我为中心去做某事，这个观念是错误的，我们的初发心就要站在对方的立场去考虑，然后尽力去行动，这一点尤为重要。

其次是"端正口业"，是指使用有爱心、亲切的言语。即便传递的是同样的信息，根据对方的年龄、处境以及性格和能力的不同，说话方式理应也有所不同，也就是说，说话的方式应该和此人的情况相符合。

"对于这个人而言,怎样开口才好呢?"当你不断思考这个问题时,就是在端正口业了。

最后是"端正意业",即端正内心,是指排除了自我的偏见以及先入为主的观念后,不被任何一种观念束缚,任何时候都能保持一颗柔软的心。在禅宗的词语里面,称之为"柔软心"。用一个比喻来说,此心好比天空中的云朵,外形和飘逝的方向没有一点点拘束,自由自在。

所以说,端正身、口、意三业,善缘就会伴随着你,最终也会有善果。若就人而言,端正"三业"的修习方法,可以像前面所说的黄瓜种子一样,需要在耕作好的田地里,施肥洒水,时时细心照料,方能茁壮成长。

在任何时候都要用"端正三业"的意识去生活,如此日积月累,我们的人生一定会得到改变。在此,愿我们的人生硕果累累,为众人所赞叹吧!

端正举止是为了创造出更好的人生,也是优雅人生的三大支柱之一,故要铭记于心。

削减至空无的地步,
才会被赋予生命力

你是否考虑过,举止优雅的要点在哪里?是为了看上去优雅而练习技巧呢,还是在举手投足之间,都意识到要"优雅"呢?可惜这些都不是,因为练习而来的技巧终归只是技巧,犹如临时抱佛脚,光芒很快就会退去;而且,刻意的动作,总让人觉得不自然,木讷呆滞。

实际上,优雅就在简朴之中。这和枯山水的庭院以及禅学有着密切的关系。我现在从事的正是这种禅院的设计工作,在设计时,脑海里总是挂着"如何删除多余的东西"的念头。

从素材来看,仅仅用石头和白色的沙子构建的枯山水,所使用的材料本身可以说就已经很简朴了。按照最初的构思去搭配石头，再撒下白色的沙，仅仅如此还无法表达出内心想要表现的辽阔世界。而后，逐渐地削减再削减，此时必须倾注全部的身心，始终如一地保持这种状态去做，否则枯山水就完成不了。要达到削减至空无的地步，到了这个阶段，庭院才开始被赋予了生命力。

枯山水一入眼就能深入人心，是因为你一看见它，那被削减后的空灵清寂，处于这种安静空寂的氛围中，宽广深邃之感无限蔓延，随后会产生出空灵的神圣感，我想这恰好可以称之为"简素之美"。

简朴是美的根源，也是美的极致。越简朴就越美，这是我真实的体会。

举止的美也可以说和枯山水相同吧。为了美而去巧妙地装模作样，即便非常精细地伪装隐蔽起来，也一定会显得故弄玄虚。若能远离矫揉造作，删除多余的动作，那么，每一个动作都会变得慎重。

慎重的举止中蕴藏了真心，只要是慎重地去做好每一个动作，那么身和心就会融为一体，如此才能体现出举止的优雅。

实际上，禅修多年的僧人仅仅是站着，姿势就具有威严之美。此外，在喝茶、吃饭等一切日常活动中的举止也都会流露出泰然自若的美，这和枯山水的"简素之美"是相通的。

你内心自然流露出的优雅，才是真正的美

"多么优雅啊！"我们每个人在生活中都有过这样的感慨吧。这种优雅究竟从何而来呢？是华丽而精巧的装饰，抑或精湛的化妆技巧？不，显然不是这些。大家想过这个问题吗？

当然不是说外表的装饰和衣着怎么都行，然而，穿着最流行的服装，戴着昂贵精美的饰品，仅仅如此，能算得上优雅吗？我想没有任何人会认同此观点吧。即便外面的装束华丽得使人目不暇接，但举止动作散漫失态，言语粗俗，优雅也将不复存在；无论如何费尽心思去掩饰，在众人心中，都无法擦去你巧言低俗的形象。

从内心自然流露出的优雅才是真正的美，这是人的本

质的展现。如果全凭外在的物质来装饰，那样的"美"是毫无意义的。实际上，它还能反映出一个人的生活方式和为人态度，人的本性也就显露无遗了。

快乐生活的要点就在这里，即前文所说的"端正三业"，三者缺一不可。也就是说，内在美的关键就是端正举止，而端正举止的基础就是规范地端正自身的每一个动作姿势，进而再顺势调整呼吸。

当你弯曲着后背，无精打采地坐着时，胸腔就会被压迫，使得呼吸变得短促而浅，紧张时的状态也正是如此；当心情变得焦虑时，举止也逐渐变得战战兢兢。如果我们日常生活中处于这种状态的话，会怎么样呢？还能拥有积极乐观的心态吗？还能快乐地生活吗？

所以，身体的姿势、呼吸和生活方式有着密切的关联。然而，知晓这个道理的人寥寥无几。那么，让我们从此处开始吧。朝着自然之美、简朴之美，稳健地向前迈进一步吧！

调身、调息、调心：
保持寂静安详的境界

就禅修而言，有调身、调息、调心三方面的要点，我们称之为坐禅的三要素，它是禅修的根本。姿势、呼吸和内心三者是紧密交融的关系，调整坐姿、调整呼吸和调整内心，这三点要相互协调得当，身心方可达到寂静安详的境界。

也就是说，如果姿势（由举止构成）调整端正了，呼吸也会随之顺畅；呼吸调整顺畅了，内心也能随之安详。所谓"三位一体"，按照字面意思而言，即三者相互交错，融为一体。

反之，举止不端正，呼吸也就不顺畅；呼吸不顺畅，内心也就不安详了。我认为，坐禅的三个要素，即调身、调息、调心，这三者是成为优雅之人的必备条件。

大家试着回想一下身边那些看上去优雅的人，再观察他们的举止、呼吸和内心，是否察觉到了什么呢？

如果身体总是保持挺直的状态的话，会让人感觉此人仪态端正。言谈举止变得温和有度，动作姿势也会端正。保持这种姿态的人，看书时恐怕不会单手托下巴，坐着时也不会跷起二郎腿来回晃荡了吧。即便在客户面前发表演讲，也一点不会怯场，还能很清晰准确地表达自己的观点。

那么，为何这样的人在遇到困难时，还能保持如此稳重的姿态呢？因为他们无论在多么复杂的情况下，都能保持轻柔顺畅的呼吸。还有这样一些人，在交谈中从不会使用粗鲁的言语，就算是在争论的过程中，也能以冷静的态度处理。这些人，不会因某种逆境而动摇内心的安定。如此一来，这些人无论何时何地都处于稳定安详的状态。

我想，稍加留意就会发现，那些优雅的人，他们的举止、呼吸和内心已经完美融合，这一点是毫无疑问的。如果举止端正了，你还担心呼吸是否会急促，内心是否会焦急发怒吗？我想这就是多余的担心了。

坐禅是调身、调息和调心三者相互协调配合才能完成的，优雅也必须由举止、呼吸和心灵合为一体才能呈现出来。知道了这一点，自然就知道该怎么做了吧。

触不到美的本质和精髓，
就无法使自己真正变美

一看到好而便利的东西就马上飞奔而去，唯以高效而欢呼——这就是这个时代的风尚吧。与其一个劲儿地专注于研究事物之间的优劣，不如先把便利的东西拿到手；只顾把自己打扮得体面，只顾疯狂地收集需要的信息和知识，想方设法地提高效率……这种生活态度已经被人们奉为真理。

美也不例外。知道有物美价廉的东西，你是否兴致勃勃？看到能变美的知识或信息，是不是马上精神抖擞？但是，这样真的能让人变美吗？

或许能得到外表之美吧，但内心的美就难以达到了。我是这么认为的，如果触不到美的本质和精髓的话，就无法使自己真正变美。

在工匠的眼里,就是如此:师父无法用语言将自己的全部技艺传递给弟子,因为任何技术的真髓都是无法用语言表达的。此外,技能的掌握是没有捷径的,不因知识积累的多寡,而决定技能的优劣。

总而言之,想要掌握一门技术,唯有自己坚持不懈地磨砺学习,细心体会师父的动作,然后努力地模仿。但是,有时候即使竭力地去模仿,所得的功效还是与师父有很大差别。在学徒时期,只能这样反复地模仿练习,久而久之,或许某一天的某个瞬间,会突然惊叹:"啊,原来如此啊!"这就是禅学里面说的"顿悟",此时此心,与师相同!这才算是得到了技艺,触到了技艺的真髓。技艺之间的传承也正是如此了。

禅修也是如此。临济宗的修行门径就很重视"公案"的参究。所谓"公案",就是禅修者的"机锋问答"。师父抛出问题,由弟子来回答。然而,这可不是普通形式的问答。因为答案只在师父心里,并不像问答集那样便利和高效,因此唯有不断地思考答案方能应对。有时候即便弟子很有把握,认为这个答案肯定是正确的,师父也会冷冰冰地说:"错!"

这样持续追问,直到穷尽了弟子所有的精神和心力。此时此处,终于得到师父的一句话:"好吧,就这样。"只有全身心地沉浸在公案的参究之中,师父才会表现出认可的态度。

当今之人,渐渐远离了那个超越了逻辑思维的世界,那个仅仅是逻辑思维难以明了的世界,取而代之的是倾向于便利至上、效率第一的"速食"的思维方式。如此,道理也好,歪理也罢,先放一旁吧。总而言之,反复地用心调整、端正自己的举止,使之达到身心交融,用不了多久,你一定会发现前方有一个美丽的自己在向你挥手。

端正身体、语言和内心，散发出坚韧的美

美好的生活是怎样一种状态呢？我想，大概可以说是"步入正道"吧。在这一点上，美和禅有着内在的联系。

确切而言，禅宗在镰仓时代就传入日本了，武士阶层兴起，取代了当时贵族的统治，并且大力支持禅宗的发展。

当时的武士阶层，相互之间争夺霸主地位，因此发生了激烈的战争。在那样一个时代里，他们为了迅速提升自己的地位，就连兄弟之间也反目成仇、互相残杀。从源赖朝、源义经兄弟二人的争斗，便可见一斑了。从此，骨肉相残的现象逐渐多起来，即便是有血缘关系的至亲也开始相互间不信任，导致人们在迷茫中无法判断自己该如何做才好。

因背负着这样的痛苦和烦恼,武士们拜访了修习禅法的高僧。在盘腿坐禅的相互问答交流之中,武士们的心得到了安宁,与此同时,他们也发现了自己应该走的正确之路,可以说是禅的思想为他们指明了方向。

禅僧的教化和话语当然起到了作用,但是,我认为影响武士内心的可能是禅僧自然洒脱的姿态吧。当内心纷杂万千的人来到泰然自若的禅僧面前,禅师洒脱的言行举止、威严的姿态好像凝聚在空气中……

端正身体、语言和内心的状态,就一定能散发出坚韧的美。当然,这是通过严格的禅修才能达到的境界。因此,在这些禅僧面前,即便是以大丈夫之风范而自豪的武士们,也会对他们毫无顾忌地信赖,认可禅僧的思想指导。

禅,为迷茫的武士指明了光明之路,也就是告诉他们步入美好生活的方法,在这背后,有着禅师安详的姿态。这种安详的姿态之中,蕴藏着宽广的气度,更有着包容的慈祥吧。

举止不安，
心亦难平

在禅的法语中，有"威仪即佛法，作法是宗旨"的语句，这在前言中已经简单地提及。

威仪就是端正自身的行为举止，这是符合佛法的本意的。在生活中观察自己的言行举止，调整散漫的姿势，这种做法的本质就具有禅的深意。

这句话也充分表现出，外在的身体和内在的心灵相互关联而呈现出的动作。

如果有人问，外在的形式和内在的心灵哪一个重要？大多数人可能这么认为："当然是内在更重要。"我想，这是因为人们都希望有美丽的外表，但是又觉得内心的美会更有意义吧。

在实际生活中也是如此,就是与其被别人说"这人外表看起来很美,但内心就不是那么回事了",倒不如被别人这么说:"我们暂且不光看外表如何,他内心纯净,这就是最好的。"像这样的评价,总觉得后者更能够让人接受认可,我想大家也是这么认为的吧。

然而,禅的思想并非如此。威仪和作法是形,佛法和宗旨是心,二者是相通的。因为如果外形端正了,内心自然也就随之端正;举止优美了,心灵也会变得美好起来。

禅就是修炼这颗心,在任何场合,自己的行为举止都要时时用心,即是遵照禅修的方法。因此,忽略了平时的言行举止而去修心,这样的想法是不可能实现的。此外,禅的修习是贯穿于行、住、坐、卧的所有的动作之中。行就是走路,住就是静止不动,坐即是坐着,卧即是睡觉,在佛教里面称之为"四威仪",即指日常生活中的举止言行,无论做什么事,都要符合佛教的修行。

因此,做每一个举止动作,都要求用心谨慎。

当然,禅僧的修行生活和大家的日常生活是有不同的,但是从重视言行举止而言,用这一点重新审视我们的生活,有着深刻的意义。

——是否注意到了自己每天用餐的方式呢？我有一些体会：在用餐礼节方面，去正式的餐厅吃饭时，会非常注意各种细节；但在家里用餐时，礼节就会散漫到不注意任何细节动作了。我想大部分人都是这样的吧？

——从早上起床到去工作前的这段时间，你是怎么度过的呢？是否是匆忙喝完咖啡或者茶，然后就飞奔出门，像这样的人也不少吧？

——在晚上睡觉之前，你是否一边看电视或手机，一边不知不觉地就迷迷糊糊、似睡非睡了，这种情况也有吧？

无论如何，这都是忘记了"举止的重要性"。换句话说，就是眼睁睁地看着能使内心变美的机会白白地溜走，不觉得实在是太可惜了吗？

知道了举止的重要性，记住禅修所教的正确举止，然后把每一个动作逐渐地做好，这样你就会变得优雅起来了。

第二章

观照姿态,展现内心美好

挺直后背走路吧，
从现在就能做到

那么，现在开始就去实践吧。首先审视自己平时是怎样的姿势，而不是去研究服饰和发型如何；以姿势举止为焦点，来反映当下身心的全部状态。平时会这样检视自己的人应该不多吧。"啊！原来我的举止姿势是这样的呀！"而问题可能不仅仅是这样。

举止会在很大程度上影响一个人的外在形象。即使是年纪相仿的人，因为举止的得体与否，也会有很大的差异。比如孩子看见大人时，称呼对方为"姐姐"或者"阿姨"，判断如何称呼的标准不在于容颜，不在于表情，也不在于声音，而是在于举止。

挺直后背走路吧，从现在就能做到。走路时英姿飒爽的人,任何人看在眼里都会觉得清爽优雅;不挺直后背的话,就没办法英姿飒爽地走路了。

最注意自己姿势的,或许是模特或者演艺界的人士吧。他们优雅的姿势无一例外都是挺直了后背,因为他们都明白,要想看起来优雅,姿势是非常重要的。

挺直后背,端正姿势。不仅仅能让外表看起来优雅,而且在健康、美容等方面都能起到很好的作用。

只要将弯曲的后背挺直,胸部也会撑起来。如果胸部被压迫,就只能浅浅地呼吸;胸腔一旦打开,就可以做到深层次的腹式呼吸。

为什么说腹式呼吸很好呢?因为这样的呼吸可以变得深沉,能吸入足够的空气,从而使身体内的血液循环变得畅通,血液里的氧气和营养元素可以运送到身体的每个角落,使细胞活跃起来,身体自然就会健康,人也会变得年轻。如果血液循环好,肌肤就会变得美丽有光泽,气色也俱佳,这是理所当然的道理。

身体某些部位，
需要保持一条直线的状态

　　为了调整好规范的姿势，我希望大家注意，身体某些部位，比如从头顶到尾骨（脊柱骨的末端）的这一段，要有意识地保持一条直线的状态。

　　头顶和尾骨的姿态只要调整得规范了，后背脊骨就能伸直，下巴会自然收缩，脊椎骨就会呈S形的弯曲，这就是正确规范的姿势。脖子恰好支撑了头部，上半身的重量很平均地落到两条腿上，这是减轻身体负担的最佳姿势，这样看起来神清气爽，给人威严可敬的感觉。此外，由于姿势调整端正了，胸腔打开，呼吸也变得顺畅起来。呼吸的关键之处在前文已经提过，大家可以参看。

　　从另一方面来说，姿势如果不端正，脖子就无法支撑沉重的头，脖子就会向前倾斜，头部也会呈现无力地向下垂落的状态（一般而言，成人头部的重量大约是5千克）。肩膀也会向下垂，身体向前倾斜，像这样的话，胸腔就受到了压迫，给身体内脏增加了负担；呼吸就会变得堵塞，内脏的机能也可能受到影响。

现代社会中，长时间使用电脑的人在不断增加，很多人姿势不正确，造成肩膀和脖子的僵硬酸痛，这也是精神压力和情绪烦躁等症状的内因所在。因此，掌握正确规范的姿势，在任何时候都能调整身体的姿势，这是很重要的事情。

我的寺院开设有坐禅的法会，有一位女士已经连续参加了二十年。最开始坐禅的时候，她一直为严重的驼背而苦恼，为此还生过病。她为了矫正驼背还曾使用过矫正器具。通过坐禅，她的驼背逐渐得以改善，也调整了错误的姿势。当然，矫正器也不需要了，也恢复了健康。

现在，这位女士已经超过七十岁了，她说："周围的人都说我的体态变好了，真的非常高兴。"我想应该是她矫正驼背之后，看上去变年轻了的缘故吧。

一旦姿势调整端正，内心也能激发出雄心壮志，不管遇到什么事情，都能变得积极而又上进地去努力投入。脖子和肩膀等部位的负担也会变得轻松，情绪的焦虑和精神的混乱也会缓解，这些变化都能逐渐呈现在面部神情上。

"唉，肩膀好酸啊，今晚又要贴膏药了……"在这种情况下，人的表情会变得很郁闷。如果酸痛消失了，脸上自然会有笑容，表情不也就变得阳光开朗了吗？

不用说，周围的人会说："啊！此人真有才！"所以在工作方面，效率也能大大提高。重要的是，希望在任何时候都能快乐地生活，那么优雅的姿势是必不可少的。

"半眼"和"正坐",
感受宽容和疗愈

　　站着和坐着的时候,基础的姿势是不变的,也就是头顶和尾骨保持一条直线。如果能做到这一点,站着的时候膝盖就不会弯曲,坐着的时候身体也不会向前倾斜,如此便拥有了安详优雅的站姿和坐姿了。

　　看见优秀的女演员时,我不经意间会想:"不愧是优秀的人啊。"她们在出席谈话类的节目时,后背一点儿也不弯曲,总是正坐凝然的状态。即便坐的时间很长了,也能保持端正的姿态,这是因为对自己的姿势有所警觉,尔后便成了习惯。

　　安详优雅的姿势有一个要点——视线。在禅修中,要求在站立的时候,眼睛的视线落在脚前方6尺(大约180

厘米)的位置,坐的时候视线落在腿前方3尺(大约90厘米)的位置。也就是说,前者是一张榻榻米长度的距离,后者是一张榻榻米宽度的距离。

如果视线自然地落在了这个位置上,眼睛就会处于"半眼"(眼睛半开半闭)的状态。如果一直睁着眼睛,不管你愿不愿意,杂乱的信息都会从眼而入心。眼睛接收的信息过多的话,就会受到外界的影响,导致内心难以平静。而"半眼"状态可以关闭外缘的信息,内心随之变得安详稳定。

实际上,"半眼"和佛的眼神是相同的。我想任何人都应该有这种体验:站在佛像前面的时候,能感受到被佛的慈悲包裹着,感受到宽容和疗愈,半眼的神情就有这样的效果。

当你等电车和公共汽车的时候,在街道边等候相约的人时,你是怎样的站姿呢?是不是目光游移、不停地左顾右盼、弯腰驼背呢?请想一想,以这样的站姿,周围的人会怎么看你呢?

这种时候,更要端正姿势,优雅地站着。如果你是女性，别人就能感受到女性端庄的品格；如果你是男性，别人就能感受到威严的气概。

其次，我想说说正坐。现在的房子使用榻榻米的越来越少，因此正坐的机会也随之减少。但是，正坐很能凸显深厚的文化。在此，我们也来了解一下正坐的基本要点。

正坐的基本姿势和前面提过的一样，使头顶和尾椎骨保持一条直线。如果穿着和服的话，女性的两膝盖之间要有一个拳头的距离，而男性则要分开两个拳头的距离。如果女性身着短裙的话，膝盖就要并拢了。

双脚要叠放着，将更有力的那只脚放在上面，因为这样的姿势坐起来相对轻松持久一些。当脚慢慢变麻的时候，有人会把上下脚的位置互换一下，但实际上这样做会适得其反，只会让脚变得更麻。

如果脚非常麻的话，可以稍微提起臀部，这样就可以让脚趾动一动，使血液循环通畅，麻胀的感觉就会消失。另外，可以用力地揉脚趾，也会有相同的效果。

早上出门前,
养成观照姿势的习惯

姿势是否调整得当,在一呼一吸中就能得知。

正如前面所说,姿势和呼吸是一体的。正确的呼吸方式是腹式呼吸,果能如此,姿势就是端正的。大家可以试试,蜷曲着身体,然后用腹部呼吸,是什么感觉呢?我想你已经知道了,这样是绝对行不通的。

在坐禅中,为了端正呼吸,首先要调整好姿势。如果是坐着,臀部先左右摇动几下,然后身体也左右摇晃摇晃,接着就是慢慢地拉伸背部肌肉,要确定身体不能有半点向左或向右的倾斜感。在刚开始学习坐禅时,可以请专业的人指导一下,确定最适宜的姿势,这是非常重要的。

为了呼吸的顺畅深沉,规范的姿势是很重要的。只要慢慢熟练了，一坐下来马上就能把姿势调整到最佳的状态，因为已经掌握了要领。

我希望大家在早上出门前，一定要养成观照姿势的习惯。像这样做的话，能提高对当下姿势、状态的意识，由此，能最快地掌握身体的最佳姿势。

一旦姿势端正了，呼吸也就会绵密沉稳。因此，无论在任何地方，都可以心如止水，使我们对外部环境的感受随着内心而转变，提高专注力。这些都是可以做到的。像这样的练习称为"立禅"，我也一直在反复地实践。

不管在何时何地，即便是在工作的休息期间或者是乘电车时，都可以练习，请一定要保持这种禅修的状态。

其实，这就是把禅运用到生活中的每个细节。另外在养生这一方面，禅修也有着非常显著的效果。

调整好呼吸，内心也能达到平静安定的状态

呼吸能表现出一个人当下的内心状态。

请稍微回忆一下你即将和重要的客户商谈时的心理状态。

如果内心一直思考着洽谈的成功与否，以及与之相关的事项，肩膀就会变得沉重起来，甚至会手心冒汗，这些是内心充满了紧张感的表现，导致心脏扑通扑通地乱跳，呼吸也变得急促而浅短。

然而，洽谈到某个阶段，和对方不再觉得生疏，交谈融洽的时候，内心就会变得从容，呼吸也更为稳定深邃了；所以，呼吸会如实地展现内心紧张或者平静的状态，无论你多么坚信自己不会有紧张感，仅从呼吸的深浅就可以真

实地判断出内心的状态。

从另一方面来说,你应该有这样的经验:当紧张的时候,集中意识并且深深地吐一口气,呼——紧张感就能消除,内心也就平静下来了。

呼吸随着心的状态而有变化,反之,内心也因呼吸的深浅不同而有变化。两者之间就是这样相互关联的。

由此说来,如果能调整好呼吸,内心也能达到平静安定的状态。在此,希望大家可以掌握好呼吸的方法。

在呼吸时，要把意识集中在丹田

在呼吸时，最重要的一点就是要把意识集中在丹田的位置。丹田在肚脐下方3寸（约10厘米）的位置。呼吸的要点首先是从吐气开始。"呼吸"二字，"呼"就是吐气，"吸"就是吸气；从字面上就能看出，呼吸始于吐气。

有意识地把丹田里面的气全部吐出去，吐气时间要尽可能长久，这点很重要。然后再自然地吸入空气，吸气的时候不需要添加意识。吐气之后，尽可能地让身体处于自然的呼吸状态。

吐气的时候，需要观想腹中的浊气被逐渐吐出，吸气的时候要观想吸入的是新鲜的甘露之气。总之，开始吐气的时候要时刻注意缓慢、深邃的节奏。

禅修多年的人，1分钟的呼吸次数为3到4次。天气冷的时候人呼出的气会变成白色，细心观察这种人的呼吸，就会发现他们从鼻子处绵密地呼出白色的气息，而且一直延伸到很长的程度，感觉像是鼻端处一直在吸入白色的烟一样。达到这种程度的人，就是丹田呼吸（腹式呼吸）的高手。

当然，短暂的时间内是不能达到这种境界的，刚开始的时候呼吸的次数能达到1分钟内7到8次就已经很好了。

如果呼吸浅短的话，内心也会忽上忽下地飘浮不定，感觉脚下不踏实；如果能深沉地呼吸，内心就会逐渐平稳下来，脚下也会有一种沉甸甸的安定感。

还有一点，深沉的呼吸可以使身体逐渐暖和起来。特别是很多女性在冬天遭受着手脚冰冷之苦，在这种情况下，如果用腹式呼吸，血液循环就会变得顺畅，身体也会暖和起来。其实，这种呼吸方法是以前在山中修行的人使用的，是他们在寒冷的洞穴里面自我取暖的方法。他们用腹式呼吸使得全身的血液循环通畅，借此抵抗寒冬。

呼吸和声音也有关系。比如歌剧表演家，他们的声音饱满而激昂，这必定是用腹式呼吸。使用胸腔呼吸的话，那种洪亮的声音是发不出来的。要吸入足够的气到腹部，然后像共鸣音箱一样发声，使声音可以响彻会场的每一个角落。

大家是否也会偶尔大喊几声，或者去卡拉OK放开嗓门地唱歌，以此消除压力呢？可是，卡拉OK这类活动，有时也无法达到消除精神紧张的效果。道理很简单，因为绝大多数的人都使用胸腔呼吸，所以无法从丹田内发出洪亮的声音。

腹式呼吸可以消除现代社会所带来的精神压力，所以这应该是一个有效的治愈人心的方法。

仅仅改变呼吸的方法，就能调出身体的潜能

如果想把自己的潜能全部发挥出来，呼吸是很重要的一点。

有数据显示，当人调整好呼吸后，身体的血液循环速度提高了25%—28%。原因是呼吸调整得当后，紧张感就消除了，身体也达到了放松舒展的状态。由此，血管得以扩张，从而加快血液的流动。

反之，如果呼吸散乱，身体和心理就会变得紧绷，导致血管紧缩，血液循环将减缓15%左右。

仅仅因为呼吸的方法不同就有这样的差别，血液的循环速度上下相差约40%甚至更多，这对人体来说是很大的差异。

由于血液能供应氧气和营养给大脑,那么显而易见,血液循环的改善会使大脑的活动量也不一样。为了证实这一点,我们以小学生为对象做了一个实验:让小学生做简单的计算题,然后回收答案并统计正确率;接着让另外一组小学生调整好呼吸,再去做相同的题目,同样统计正确率。结果,后一组的正确率相较前一组竟然高出了20%左右。

我想,这个结果说明,调整好呼吸之后,内心也随之平静下来,集中力和判断力都得以提高。此外,科学也能证明,仅仅改变呼吸的方法,就能调动出身体不同的潜能。最能体现这一点的也许就是要争个胜负的体育运动吧。

比如,棒球比赛中,实力处于同样级别的击球员和投手对战,如果他们各自都能发挥原本的实力,胜负应该是不分上下的。但是,如果这个时候击球员的呼吸散乱急促,而投手的呼吸深沉稳定,那么在投球之前,胜负就已经分明了。

毋庸置疑,肯定是投手胜利。血液循环通畅,全身充满活力的投手和血液循环差的击球员,两者之间的差别会很明显。能充分发挥出实力的投手，轻而易举地就能打败击球员。

即便在商务洽谈的场合，我觉得呼吸也可以决定其结果。一个人比约定时间提前到达现场，喝一杯咖啡，然后再看一下资料，不用说，调整好呼吸的人和因时间仓促而飞奔过去，导致呼吸急促的人，在进行业务洽谈的时候，定是高下立判的。

能够主导谈判的人，不必说，他的呼吸肯定已经调整稳定了，对自己的建议和主张也能彻底地展开说明。相反，他的谈判对手不仅会焦急不安，还会被他的气场震慑住，即便想方设法地去挽回，混乱的头脑也想不出好的对策，哪儿还顾得上调整好呼吸呢？必然会更加混乱。

即使看似两个势均力敌的人在冷静地相互较量，可实际上已经有很大的差距了。这就是所谓的"完全被对手吞没"的状况。

"原来呼吸的方法不同，结果会有这么大的差异！"

如果你已经意识到这一点，应该会尽快开始调整呼吸吧？

照顾脚下，
展现内心美好状态

在禅修中，强调了对自我脚下深度观察的重要性。不要去考虑太多的事情，眼睛也不能左顾右盼，要观照自己脚下在当下处于什么状态，并且要集中精力去观察，尽最大努力地去做。在禅宗法语中，用"照顾脚下"一词来表达这一含义。

从身体举止这一点来看，脚是很重要的。即便上半身保持着规范的坐姿，如果双脚散漫地乱动，做一些不稳重的动作，一切也将徒劳无功，不会给人留下好的印象。

双脚脚尖的方向要对齐，这样才能将心意传递给对方；脚平稳地站着，可以给对方一种感觉："呀！精气神果然不同。"反之，如果动作散漫、身体晃动，对方就会觉得你很懒散。虽然平时不太注意这些,但是脚下可以真实地展现出内心的状态。

鞋子也不能马马虎虎。并不需要穿什么高级的鞋子,就算鞋子不是新的也没关系,重要的是清洗整洁,穿着周到得体即可。即使穿着一件名牌西服,如果鞋子上布满了灰尘,别人也会发现你内心的灰暗,由此就可以推测出你的人品性格了。

有句话说:"看人先看脚。"按照字面意思来看,就是看他穿的鞋子。在以前,听说金融行业的人都会观察来借钱的人的脚,看他们穿什么样的鞋,由此判断此人是否有信誉,是否该借钱给他们。比如:

"这个人从头到脚的穿着都整洁干净,借给他应该没问题。"

"虽然衣服穿的是名牌,但鞋子很邋遢,借钱的事情需要斟酌一下。"

像这样以双脚来判断一个人,是从祖先那儿流传下来的传统智慧之学。

因此,大家千万要留意,不要忘记"照顾脚下"。

手之所作，
心之所现

　　手和脚一样，都是人难以注意到的部分。应该有不少人注意不到自己双手所处的位置或动作，然而，双手却能明显地表现出内心的起伏状态。比如手指总是不停地动，或不断地改变手的位置，表示内心已经失去了平静。

　　手在做事的时候漫不经心地摇晃，表示心已经不在这件事上了。或者内心着急着什么，不知不觉地，手就展现出内心的情况了。

　　在禅修时，双手的摆放有严格规定。在僧堂或寺院里行走以及站立的时候，要求"叉手"。就是把双手交叉叠放着，把右手拇指放入左手掌心，左手呈拳状，用右手托住，放在胸前，使手与手臂持平。

双手要是松懈地垂下了,内心的警觉就没有了,衣服袖子也容易弄脏,所以将"叉手"作为一种禅修的礼法。

我想,一般而言没有必要做到这种程度,但要记住一个原则:手要放在固定的位置,不要乱动。站着的时候,手可以自然下垂,也可以放在身体的前面交叉重叠着,或者十指相交。女性的话,仅让指尖的部分交叉即可,这样动作会很优雅。

坐的时候,双手重叠放在大腿上面是最基本的姿势。如果是男性,双手可以分开轻轻握拳。以前的武士不管是跪着正坐还是盘腿坐,双手都是握着拳放在大腿上的。

总之,双手不能交叉放在背后,也不可以伸进口袋里,要尽量让对方看见,因为这样就不会让对方担心你拿着危险的东西,对方也能坦诚又愉悦地接纳你。

第三章

调整内心,认真对待每一刻

举止有度，心即规矩

有这么一个词，叫"端庄大方"。我们经常会听到有人感慨地说："她总是那么端庄啊。"这也是在过去的日常生活中经常出现的话语，而如今已经很少听到了。它的意思就是指礼仪大方得体，行为端庄有度。现在的年青一代，也许还有人不明白这种美吧。

在寒暄的时候用寒暄的方式，感谢他人的时候，要知道使用感谢的用语，必须要有礼貌而且态度谦虚诚恳，对方才能接受你。虽然说起来似乎是理所当然的事，然而遗憾的是，能自然地做出这种行为举止的人已经不多了。

端庄大方的人，周围的人都对你有好感，也容易被别人接纳。我在大学执教时，有位在大学院做助教的女老师，早上一遇见人就大声地说"早上好"之类的寒暄语；在课堂上，开始上课时总要先说一句"我们开始吧"；别人离开学校的时候，她一定深深地低下头说："您一路小心，再见。"

像这样，一天都保持着好心情。这样具有专业素养的举止，任何人看了都会觉得很美吧。我甚至能想象得出她所生长的环境了。"父母一定是很优秀的人吧。""周围一定都是满怀爱心的人。"

由此可见，从举止就能洞察出这个人内心的修养。端庄大方的人不仅仅外形优雅得体，内心也丰富且坦诚，美丽和温柔也都毫无保留地传达出来。

行为举止即是心的呈现，希望大家都能牢记这一点。

比举止更难的是调整内心

当我说到端正内心,有时会听到这种声音:"心,看不见,就像用手到处去抓云朵一样。"有个重要的方法,就是首先要把心以及与心紧密相连的行为举止调整得当。在重要的事情发生之前,要有定力去沉着应对。

在德川将军家担任剑术指导老师的柳生宗矩先生,作为首屈一指的剑术专家而被大家熟知,他的一些逸事至今流传。

某日下雨,泽庵禅师面对宗矩开始机锋问答。

泽庵禅师问:"外面下着雨,你快给我看看不被淋湿的秘诀吧。"

宗矩出去用剑胡乱砍雨,返回来说:"如何?这就是我的秘诀。"

禅师若无其事地说："都那么湿了，有什么秘诀？"

宗矩不悦，怒气冲冲地说："那么，你把和尚的秘诀给我看看。"

宗矩目不转睛地盯着泽庵禅师缓缓地走出去，禅师什么也没做，只是一动不动地站在雨中。过了一会儿，禅师进入房间，全身都湿透了。

此时，宗矩严词逼问："怎么，和尚不是不会被淋湿吗？这个秘诀真是荒唐可笑。"此时，禅师还是如此不动。

"完全不同，你为了不被雨淋湿，挥剑砍雨，但雨还是那样顺其自然地把你淋湿了。我站着接受雨淋，是因为我想被雨淋湿吗？不是，这是因为我和雨成为一体了，懂吗？"

也许是听了如此复杂的禅学机锋问答，宗矩因此领会了禅师的秘诀，一心钻研剑术。

所谓和雨融为一体，大概是指接纳下雨这个持续不变的状态吧。即使挣扎、抗拒，雨还是照样下，你做什么也没有用。这样的话，只有一个办法，那就是接纳。只要接纳，内心的烦躁、散乱就都没有了，心也能归于平稳的状态了。

在雨中，宗矩心烦意乱地和雨奋战，而泽庵禅师的秘诀，是不管如何，内心都明了安然。接纳这种不变的状态，与之融为一体，这就是禅的精髓之所在吧。

调整举止的秘诀也在这一点上。比如对吃饭姿势的调整，我们可能有过这么一些想法，例如：怎样持筷能显得优雅又美观？吃饭时，下一口饭吃多少更漂亮？喝茶时，茶碗用什么样式的好？……

然而，禅修所告诉我们的是："逢茶喝茶，遇饭吃饭。"解读过来就是指喝茶的时候就单纯地去喝茶，吃饭的时候就单纯地去吃饭。

无论喝茶还是吃饭，都要认真努力地做这一件事。是否好看美观，怎么做漂亮等，不能被这些多余的想法所囚禁，只专心地观照自己当下的动作，这就是禅的深意了。

"融为一体"就是这个意思。

喝一杯茶时，由内心外化出安乐之态；吃一碗饭时，只需用心感受其味道。我想，这就是最美的动作举止了。

举手投足之间，一切举止动作都是如此。

"融为一体"，我们可以理解为调整举止时的思想准备，除此之外没有更重要的事了。

认为别人很完美，
就模仿十天

你有过这种经历吗？和人交谈后留下了念念不忘的印象，或者对朋友、熟人发出感慨："啊，他是那样的完美！"——这是你自身察觉出来的。

你或许可以意识到，与优雅的人靠近是一种重要的机遇。具体地说，察觉到了别人好的地方，最好马上跟着去做。所谓"见贤思齐"，反之亦然。他人的行为举止很好，漂亮且优雅，如果你希望自己也有这么优雅的举止，就会想去模仿。

在禅宗寺院里，设立了一种叫"制中"的修行时间。根据规定，在这期间不允许一切外出，修行的僧人要专心地进入修行的状态。制中长达三个月，在这三个月内，修行的僧人夜以继日地严格修持，特别是那些刚刚出家修行一年之内的僧人，被要求完全禁足（脚不着地，即不能出门的意思）。起初，他们也尽是疑惑不解。天没亮就起床念经，这也是很辛苦的。到了夜里，虽疲惫至极却不能睡觉。

尽管如此严厉，但没有逃避的借口，也只能如此坚持三个月。于是，百般努力，一点点去坚持，慢慢地，自身也能体会到其中的奥秘了。

制中是从释迦佛那个年代开始流传下来的，而三个月的时间规定也很适当。这期间，由于重复不间断地修行，原本认为一定办不到的事自然也就慢慢办到了。

不过作为开始，只要十天就好，如果你认为谁的举止很优美，就模仿着做个十天吧。然后，再做十天，再来十天……这样做着做着，过了三个月，那些优雅的举止就会完全属于你了。

爱语由爱心而生，具有翻转万物的能力

平日在大学里面，我要接待众多年轻人，常常会遇到一些令人难以想象的，甚至怀疑耳朵产生幻听的情况。听到有人在交谈，原本以为是同学之间无拘无束的聊天，但仔细一看，却发现其中一位是特别年长的教员或职员，这就是现在年轻人中流行的"想说就说"的交谈方式吧。

在世界上，日语是使用人数稀少却很优美的语言。有幸生活在这个国度，然而说话却是那般随便，每当看见这类人，我的内心都非常遗憾、懊恼、无奈；不，坦白地说，甚至觉得很愤恨。

当然，这不仅是他们这一代年轻人的问题。不知为何，最近人们把"父母和孩子像朋友一样"，或者"学校老师

和学生打成一片"这类事加以肯定地宣传,结果就是大人们想方设法地去讨孩子的欢心。

优美的话语本身就是能使人变得优雅的重要工具,近在咫尺,却没有被很好地使用,正如常言道:"入宝山而空手归。"我衷心地祈愿大家能尽快地摆脱那种状态。

虽然如此,我也不是鼓励大家去拼命地阅读标准会话参考书和敬语手册。即便是背会一些墨守成规的死板对话,但是语言不生动,也无法变得优雅。

禅学用语中,有"爱语"一词。关于爱语,道元禅师留下了这样的文字:

"爱语由爱心而生,爱心即以慈心为种子,须知爱语具有回天的力量。"(《正法眼藏》)

这句禅语的意思是,由慈悲心散发出的爱的语言,具有翻转天地宇宙万物的能力。

我觉得爱语最好的例子就是母亲对孩子说的话,那往往是完全没有考虑自身的利益得失,远离了私欲,只是抱着衷心地为自己孩子着想的心情说出的话语。我认为,即便说话笨拙，也不是那么和蔼可亲，但所说之话是为对方着想，这样亦可称之为"爱语"了。

不是随心所欲地说自己想说的话，而是首先考虑如何能让对方接受这句话，先站在对方的立场去想："如果是别人对我用这样的方式说话，我会有怎样的感想呢？"一句自认为无心的话语，有时会意外地带刺，或听起来有讥讽的意味，抑或太过肤浅……这都是常有的事。

"啊，我不是那个意思啊……"

话说出口，又急忙去解释，或者去补充说明。大家应该都有这样的经历吧。然而，说出口的话，再也无法收回。因为那么一句话，和上司之间有了隔阂，和朋友的关系有了裂痕，被亲密的人厌恶……像这样的事情随时都有可能发生。

此外，有的友人会出于关心，动不动就给我们建言或提意见，有时听着也会嫌烦吧？

"这么啰唆，烦不烦哪！"

有时候，像这样的话不经思索就说了出来，然而，当这种念头生起时，如果能深呼一口气，仅仅如此，说出的话就完全不一样了。对朋友的那些多嘴之言，就会用另一种心态去接受，认为"这是他发自内心的关心"。然后，或许你就会说"谢谢你总是这么关心我"之类的话，以善巧的爱语接受对方的心意了。

　　语言是一把双刃剑，一方面具有能让对方幸福、安定的治愈心灵的力量，另一方面，也会伤人、使人痛苦和烦恼。让我们内心拥有一个分辨是否是爱语的过滤器吧。

　　最初，过滤器的孔会很粗，也许那些欠缺思考的话语一下子就通过了，即使这样也没有关系，只要经常有意识地注意这个过滤器，孔眼就会慢慢地变细，精准度也将提升。总有一天，大家会被人这样评价："他总是那么善解人意啊。""她的语言不知为何，总是充满了爱心。"

养成每天早晨双手合掌的习惯

以前，每户家庭都有佛堂（神龛）。每天早上，大家都会跪在佛前，点上线香，合上掌安静地待一会儿，这是很常见的家庭场景之一。孩子们也会照着大人的样子合掌，如此，无形中培养了孩子对祖先的尊敬和感激之情。

合掌，并不是一种简单的形式上的规定，而是有着重要的内涵：右手代表对方的心，左手代表自己的心，双手合在一起，即对方和自己的心合为一体的意思。

每天早上细细体会当下的幸福感，感受一下与祖先的心融为一体的状态。过去，这种好习惯已经根深蒂固了。然而，随着时代的变迁，现在说起合掌的话，大概只有在元旦，或为了祈愿去寺院参拜的时候才能看见吧。

我想大家都看过佛像。释迦牟尼佛坐像的正面，通常能看到佛的右手叠在左手的上面，双手大拇指如同合成一个圆似的并在一起，结成一个"手印"，这叫"法界定印"，表示内心很安定。在佛像前面合掌，就是把佛的心和自己的心融为一体，将自己的身心都交给了佛的意思。

仔细想想，现代人其实已经远离了"身心融为一体"的境界，什么都以"自我如何如何"的思维为核心，把他人的利益放在次要的位置，这样的生活观念已经蔓延开来。

没有佛堂也没关系，首先，养成每天早上合掌的习惯，让这个好习惯在你的生活中逐渐复活吧。毫无疑问，长期这样去做，面对别人时，心中也一定能以合掌的心态相待，紧张的人际关系也会因为心与心相合，从此逐渐化解。

光脚生活，
唤醒一个小小的大自然

云水参学（指为寻师求道，至各地行脚参学——译者注）的修行生活，在衣、食、住方面都特别简朴。即使再严寒，也不许穿袜子。曹洞宗的大本山永平寺，是一座地处福井县山里的寺院，一说到去那儿修行的那个严冬，那真是不得了啊，每天都好像是在和冰冻一样的寒冷打仗似的。

然而，一旦习惯于修行的状态后，身体的感受将变得敏感，内心也觉得很舒展，这就是和大自然融为一体的真切感受吧。我年轻的时候，一年到头都会打赤脚过日子。不过随着岁月的逝去，年纪也大了，一进入十二月就要穿袜子；但是，当三月暖春时节到来，就能脱掉袜子了。

赤脚的好处就是脚趾可以自由地活动，据说这对身体健康有很好的促进作用，就算在非常寒冷的季节也不容易感冒。被称为"人体第二心脏"的脚部，其血液循环的改善可以使得全身的血液循环变好。

听说，由于脚冷而生冻疮的女性不少，赤脚生活也许对冻疮也有着特殊的疗效。要治疗这种症状，不能只是从外取暖，更要从体内加以改善，才能彻底地治愈。最近保健医学也认为"冷"有益健康，似乎也是同样的道理。

赤脚时穿的鞋，一般是木屐或者草鞋，这样很好。据说脚底有很多穴位，大脚趾和第二趾之间尤为密集，重要的穴位与内脏、大脑直接相连。木屐或者草鞋的夹脚处正好可以刺激这些穴位，光是走路就相当于指压的按摩疗法。如果不习惯穿木屐或者草鞋，在室内赤脚走路也是一样的效果。不管怎么说，美丽的根本还是在于健康。具有刺激穴位效果的赤脚生活方式，就可以很好地促进你的身体健康。

虽然住在冷暖设备齐全的屋子里很舒服，但再怎么说也是人工的。赤脚的生活就像一个小小的大自然，大家可以挑战一下，唤醒身体原本具有的强大能量。

改变依赖空调和地暖的生活习惯，通过赤脚生活来唤醒小小的大自然，以及身体原本具有的能量，快速地适应纯天然的生活方式，是可以挑战一下的。

找一条小道，慢慢地体会散步

在忙碌的生活中，渴望获得充实感的人应该也不少吧。经常听人叹息着说："真是忙得停不下来。"能察觉出这里面带有细微的自傲语气吧。然而，所谓的忙也就是失去了内心的安宁。

无论多么忙，也要有空余的时间用来调整心态，使自己的心柔韧舒展，这是人生不可缺少的。

从京都市左京区的银阁寺（正式的寺名为慈照寺）到若王子神社，有一条长约两公里的小道，被称为"哲学之道"。因为哲学家西田几多郎先生（1945年去世）喜欢在这条小道上一边散步一边沉静地思索问题，所以它被命名为哲学之道。在这里，沿着琵琶湖水渠，有着丰富的自然景观，故而成为非常好的散步之道。

哲学家们感受着季节交替下的大自然，花开花落，微风拂面，鸟儿叽喳，空气飘香，时而温暖，时而略感凉意。一边用身体感受自然的各种滋味，一边悠闲地迈动着步伐，自然与人完全融为一体，才能完成深奥的哲学体系吧。

行走于自然中，给予干枯的心灵以滋润，激活了感官的灵敏，把身体里的寒气缓缓地融入春意的温情之中，体味春天的美好；空气中弥漫着丹桂之香，沉浸在秋意的朦胧中，感官告知我们的季节感带来了不一样的味道吧。即便在偶然的对话中也能表现出来：

"今天在附近那个弥漫着丹桂之香的公园散步，不知不觉心情就变得很美好，秋天的气息已经很浓郁了啊。"

毫无疑问，和这样的人聊天，不管谁都会感受到丰沛的情感。

都市中其实也有自然界的气息，找一条散步的小道，用点时间慢慢地体会一下吧。

不踩榻榻米的边缘

现在的年轻人中，可能有不少从来都没有在有榻榻米的房间生活过。因此，也难怪他们不知道和室应有的独特规矩。然而，当我们成为社会的一员，因接待、应酬这一方面的需要，会有使用和室的机缘，所以必须要了解这些规矩。如果被懂得这种场合规矩的人发现了你行为的不当之处，人家就会紧皱眉头地惊叹："呀，怎么什么都不懂啊！"继而，即便工作能力再强，给别人的印象也会很差。

不可以踩榻榻米的边缘，这是和室里面最基本的规矩。常年在战场上，时刻做好准备应战的武士们，也发生过一些被躲藏在榻榻米下面的敌人偷袭的事情。由于榻榻米的边缘有缝隙，要是踏着的话，躲在下面的敌人会找准时机把剑从缝隙中刺上来。把这样一个时代所发生的事情作为背景来理解，不能踩榻榻米的边缘就合情合理了。

还有另外一个具有文化内涵的理由。在平安时期，只有贵族之家才能使用榻榻米。榻榻米当时被当作最高级别的生活用品，边缘使用的布料是用深蓝色的染料染成的丝绸或麻布。用植物染料染成的布，其色质均匀厚重，特别是麻料，使用期限不长，很容易磨破，所以踩踏边缘就被作为一种禁令了。

还有更重要的一点是，榻榻米的边缘是可以展现门第规格的。展现门第规格的就是榻榻米包边所使用的不同花纹的边饰，叫作"纹缘"。使用限制最严格的边饰是"云间缘"，可以使用这种边饰的只有天皇、皇后、太上皇等地位极其高贵的人。

踏上这个边缘的话，按照字面而言，就是践踏门规。在榻榻米上，要安静地缓步行走，决不可踩着边缘走，这是文化习俗所赋予的规定。这不仅仅是礼仪，而是具有文化修养的人，用身体行动来展现日本的优良风俗的表现。我们一定要成为这样的人。

把手共行，
和内心深处的真诚慈悲牵手

现在，每个都道府县都实施了垃圾分类，对倒垃圾的方法也有规定。然而，就算有了规定，还是有不遵守的人，虽然很苦恼，但这也是难以否认的现实。

因不注意而忘记倒厨余垃圾时，只好把它留在家里，然后一直和垃圾生活在一起，等到下次收厨余垃圾的时候再扔，这是多么难受的事啊。于是有人想："就先扔到其他收集的地方吧，反正是谁扔的也不知道，偷偷扔在那里就是。不过就一个人违反规定，不是什么大不了的事儿。"

就这样不遵守规矩地乱扔垃圾，如果没有被人看见并责问，阴谋就算是得逞了。但，真的是这样吗？

禅门有一句话叫"把手共行"，意思是手牵着手一起走路。那么，和谁一起牵着手行走呢？答案就在四国八十八所巡礼的参拜人身上。

这些巡礼的行者，头上戴的斗笠写着"二人同行"的字样。意思是即便只是一个人参拜，但一起行走的有两位，一位是自己，另一位则是弘法大师空海。巡礼者在参拜的路上，与弘法大师的心一定是相通的。因此，无论多么艰难困苦，都能一步一步地坚持参拜下去。

我们并非一个人生活在世界上。不管何时何地，都要和内心深处的佛陀手牵着手，一步一步地走在人生的道路上。内心深处的佛陀，可以说是我们自己本来具有的真诚心以及慈悲心吧。

像那样的自己，还会去偷偷地扔垃圾吗？在佛的面前肆意地扔垃圾，如此能心安理得吗？有一点值得注意：即使扔垃圾时没有被人责骂，但佛是肯定看得见的。如果能时刻感受到心中的佛，就能清楚地知道哪些事情可以做，哪些不能做了。

收拾并不是善后，
而是为下一次做准备

早上起床后，发现厨房的水槽里有一堆没有清洗的锅碗瓢盆，书桌上叠放了好几本睡前读过的杂志，CD 的外壳也到处散乱地铺开着……"啊……这还怎么吃早餐啊？"我想有这样经历的人不少吧。

清理使用完的脏东西是一件比较让人头痛的事情，所以不知不觉就拖延了。确实如此，酒足饭饱后清洗食器，整理那些高兴时看过的杂志以及听过的 CD，是很令人烦恼的。因为毕竟这些是"享乐完的善后"，让人提不起劲也是理所当然的了。

然而，我们可以试着换一种角度来看待"善后"。拿第二天的早餐来说，如果能把前一天的食器清洗干净，早餐就能立即动手直接做，心里也就高兴了。这是因为做早餐的前提和氛围已经整顿好了。

如果前一天把切过洋葱的菜刀就那么放着不洗的话，你肯定不想再用这把刀去切面包吧；如果炒菜的平底锅还残留着油和菜汤，就会犹豫要不要用它来煎蛋了。

你已经发觉了吧。"收拾"并不是高兴过后的清理，而是要为下次的活动做准备。弄脏了的东西要及时清洗，使用过的东西要整理，并不是享受之后强迫自己善后，而是为了下次能愉快地使用，能专心顺利地快速开始工作。

如果做饭是为了品尝美味而做的"准备"，那么，将食器和厨具清洗干净，这是为了第二天能以清爽的心情去做饭的"准备"。快乐、无聊、麻烦其实都不存在，仅仅是准备的内容有一些不同罢了。

努力去做，迎接美好的清晨吧！

吃饭的方法 1

不仅不能吃得太饱，
食材也要注意

　　禅修贯穿于行、住、坐、卧的每一个方面，当然，吃饭也不离其宗。说到这，你或许会很惊讶："吃饭也要修行啊！再怎么说，吃饭的时候就应该随心所欲地吃到饱吧。"

　　在此，我们来谈谈禅修中的用餐吧。用餐时使用的器具叫作应量器，也就是钵。早餐（称"小食"）的时候，用最大的应量器盛一碗粥。实际上粥也有浓度的不同。刚开始修行的云水僧盛最上面一层几乎没有米粒的稀粥，这也是一种修行，是要人更加严于律己。

　　配菜是用芝麻和盐按照一比一的比例炒出来的芝麻盐，然后加少许香菜，就做成了咸菜。虽然吃完可以再添，却也只能添半碗粥。

午餐是点心，就是混合了小麦的米饭以及香菜和菜汤。

到了晚餐（称"药石"），就是午餐的点心以及"别菜"，只有这个"别菜"比较像是配菜；一般是煮萝卜或者半块油炸豆腐，无论哪一种都不能脱离朴素的原则。

当然，肚子会饿。但是在最开始的三四天是没有心思去想这个饥饿感的，熬过去就能忍受了。在不到一个月的时间内，大家的体重都减了约十公斤，有的胖人甚至减了二十公斤，像变了一个人似的。

然而，不可思议的是，坚持三个月后，由于胃逐渐变小，即便吃相同量的食物也不会有空腹感，体重也逐渐恢复正常了。大概是吃下去的食物能更好地被吸收消化的原因吧。

不仅仅是这样的变化，在坐禅的时候，头脑也会变得清晰。人在饭后，血液大量地流向消化器官，使脑部的血液供应变少。吃得太饱就容易昏昏欲睡，原因就在于此时血液供应不足，导致大脑暂时休息。尽可能地少吃，可以减轻消化器官的负担，本将流向消化器官的血液就会充分供给大脑，使头脑非常敏锐。

古人就说"饭吃八分饱"，这可是能使身体健康、头脑灵活的经验之谈，所以才能流传到现在。虽然在修行中的用餐不仅没有八分饱，就连半分饱也达不到，但却能让人对这句话的含义有很深刻的体验。

在此奉劝诸位，还是不要"随心所欲地吃得太饱"为好。一到下午，你是希望别人说"怎么又在打瞌睡呀"，还是"你看起来越发精神了呀"？希望被如何评价，全看自己的选择。

在禅堂修行的僧人通常全是男性，但有时候也能从某个角落听到谈论肌肤如何有光泽的话题。例如："哎呀，他的皮肤非常有光泽，气色也是白里透红啊……"

虽然不知道直接原因，但是想必也与饮食有关吧。修行时的饮食是素食，不摄取一切肉、鱼等动物类的蛋白质，也没有香辛料或带有依赖性、刺激性的食物，全部是容易消化且对肠胃有益的食物。一直食用这样的食物，肌肤自然就变得透亮、白皙、有光泽了。

这应该是很多女性所向往的吧。那么，不仅不能吃得太饱，就连吃什么食材也要注意。偏爱吃肉或过于喜爱刺激性食物的人，是否要改变一下饮食习惯呢？

就我的经验而言，禅修的饮食可以使头脑变得敏锐，使肌肤变得美丽。我想这对重建你的饮食习惯具有很大的启发，你认为如何？

吃饭的方法 2

用食器，
行为举止自然优雅

每个人都会注意和自己一起用餐的人的举止，而且基本上来说，能将最本质、最典型的举止表现出来的应该就是用餐这件事了。我们甚至可以这么说：用餐时姿势优雅的人，在其他场合也不会失礼。

我认为，学习用餐礼节，然后学以致用，也是练习举止优雅的很好的方式。但是如果每一项都要求精准的话，可能手法就变得不灵活了。比如说"生鱼片怎么蘸酱油啊？""使用小碟用餐的方法是什么？""怎么揭开汤碗的盖啊？"等等，如果过度纠结于这些规范，即便每一个动作都做到位了，整体的举止也不一定能达到优雅的程度。

我认为，正在做每一个动作时，只要把心集中在这一处，这样用餐的举止就是优雅的。

因此，唯一的事，就是慎重地使用食器，仅此而已。

所谓慎重地使用，就是细心、细致地使用。比如吃小菜时，细致的手法是先用右手托起碗，换到左手拿稳之后再拿筷子，这个过程就很是优雅。如果动作随便，碗放在桌子上就开始吃了，筷子和碗之间就会发出摩擦的声音，不小心还会打翻碗，像这样的用餐一点也不优雅。

吃一口后，把碗放回去，要把碗从左手换到右手，然后放回原来的地方。为了换手方便，在换手之前要把筷子放在筷子架上。禅寺的用餐方法是把筷子放在碗上，但是为了慎重小心，自然是放在筷子架上最好了。

不仅限于碗，任何食器都一样。"用右手拿起—换到左手—拿筷子—开始用餐—放筷子—换回右手—用右手放回原位。"这是碗筷及其他所有食器共通的使用方法。只要注意到了这一点，就不会直接用筷子去夹碗里的菜了（这是使用筷子的礼仪之一），生鱼片蘸酱油时不会滴到外面，桌子也不会弄脏。由于总是用手端着碗吃饭，也不会出现用手直接拿食物的"手盆"进食方式（最近，电视里面很多人这么做,这是错误的)。

此外,用汤碗的情况下,如果用心地使用,就会用左手扶着碗,右手揭开碗盖,与只使用右手相比,动作要优雅得多了。

每吃完一口就放筷子,看起来也有气质,这与一直拿着筷子寻找下一口食物的行为,在美感上是有天壤之别的。从放下筷子到下一次拿起筷子的时间里,仅仅是嘴巴在动,也能传递出"味道极佳,吃得津津有味"的无声的信息。

不要觉得很难,用餐时只要把"慎重用餐"这个理念存于内心,行为举止自然而然地就会变得优雅大方了。

吃饭的方法 3

怀着感恩之心用餐，姿势端正有礼

不管谁都知道，在用餐之前要说："（感恩，）我开始吃了。"那么，是感恩什么呢？当然是感恩眼前的各种食物，这些食物是由肉、鱼、蔬菜等食材做成的，这些食材原本是有生命的，而我们所食用的正是这些生命。

由于食用的是尊贵的生命，所以这句话应是发自内心深处的感恩。但是，我在各种场合，见过很多没有双手合十地说"感恩"的人，甚至有不少人饭菜一端过来就开始动筷子。

双手合十，并在心中默默地说"感恩"，这样也很好。这种感恩之心可以扩散到全身，身体姿势也随之端正。弓着身体对着食物，翘着腿，手肘支在桌子上……这些动作都是不可以的。

禅修时只吃素食，一切鱼肉荤菜都不食用，意思就是尽可能地不去杀生。青菜或者根茎类的植物，只要根没有被砍，就不会失去生命，还可以继续生长；然而，动物的生命一旦失去了，就不会重生。想到这些，就能更强烈地感受到用餐前说"感恩"的重要性。

在禅修中，用餐也作为修行的重要一点，规定了"五观偈"作为用餐的要领。这首偈子的大概意思如下：

一、通过很多人的辛勤劳作，才有现在这些食物，所以要怀着感恩之心用餐。

二、反省自己是否有德行享用这顿难得的食物。

三、反问自己是否有贪、嗔、痴之心。

四、把食物看作维持身心健康、能继续修行的良药。

五、怀着把自己磨炼成一个品德高尚的人的心愿，合掌，感恩地食用。

我们很容易将"通过很多人的辛勤劳作"这一点忘记。也许是认为得到这些食物是理所当然的，所以在将每一粒米送入口中时，并不能看见很多人为之付出的努力。

有种说法,叫"感恩一百人"。比如播稻谷种子的人、育苗的人、犁田的人、除草的人、施肥的人,还有收割稻谷的人、碾米的人、运输的人以及修路的工人和贩卖米的商人等等,托了无数人的福,我们才能吃到米。

一想到这里,用餐时的姿势就不敢随便了,就会持有一颗感恩的心来对待。

美好地度过早晨的方法 1

早起生善缘，
让身体充分苏醒

一日之晨，该如何迎接呢？这是个非常重要的课题。请回忆一下睡过头时的情景，是否会上演慌乱的剧目呢？慌忙掀开被子从床上跳下来，睡眼惺忪地洗脸刷牙。女性的话，化妆打扮都草率结束，不吃早餐就飞快地跑出家门。

由于过于匆忙，或许会在赶路的途中想起落在家里的东西，不得不返回去。快到时间了才匆忙赶到公司，还没有调整好状态就开始工作，这样的话效率是无法提高的。假如早上有会议，可能会因为没能好好发言，而成了局外人，可能还会被别人挖苦："开会之前早就通知了吧，应该充分准备后再来开会嘛。"

究其原因就是睡过头了，这就是恶缘产生的恶果，一整天都在恶性循环中度过，进而在一天的结束之际开始感慨："唉，今天真是倒霉啊！"

改变这个因，早起时就能生出善缘。因为在出门前有充足的时间，所以可以慢慢地化妆打扮，也能好好吃早餐。由于做早餐活动了身体，不但身体会苏醒，大脑也能灵活地运作起来。

享用饭后早茶和咖啡的同时，带着清醒的头脑浏览报纸，或许能发现新的信息，工作中的好想法或许也能浮现于脑海。在上班的电车上，可以再次确认会议的发言内容，也能检讨一下逻辑思维。

从"糟糕，怎么办"的早晨开始，和从"很好，今天要好好努力"的早晨开始，其结果的不同是很明显的。我们都生活在"良因良缘，恶因恶缘"的因果法则中。一日之中，为了调整出最佳的自己，为了能优雅地享受生活，把握好早餐是关键。

美好地度过早晨的方法 2

专心打扫，
心灵的尘埃也随之飘散

禅语有云："一扫除，二信心。"如字面之意，首先应该扫除，然后才有信心，这是有着禅学思想的思维方式。与在佛前合掌礼拜、坐禅、诵经相比，扫除竟然是这么重要，似乎有点不可思议啊。

确实，扫除的本身具有更深层的含义。大家站在打扫后的干净房间内，会发出"啊，心情好舒服哇！"的感慨吧！

拂去尘埃，周围的环境变得干净，心灵也随之变得清净了。我们的心灵也会堆积尘埃，它所指的就是迷茫、不安和欲望等，如果用一个词来概括，那就是"烦恼"。正是这些烦恼扰乱了我们本来优雅安详的生活。

专心地打扫之后，心灵的尘埃也会随之飘散。打扫结束之后的爽快感和轻松的心情，正是心灵的尘埃被拂去后才拥有的。

早餐时间能拥有这种轻松自然的心灵状态，就再好不过了。因此，建议大家早上用五分钟在家里进行一些简单的打扫。先决定好每天要打扫的地方，比如今天是厨房的水槽，明天是微波炉，后天是卫生间，大后天是门……如果像这样一点点地打扫，每天仅仅用五分钟的时间，家里就会变得非常干净整洁了。

打扫的时候，擦拭、洗刷、清扫都要专注一心，不要思考任何事情。以一星期或十天为一个单位，把家里主要需要打扫的地方填入一份周期表，如此按表做完一次，整个房间就干净了。

这个"五分钟打扫"的方法，坚持是最重要的。保持房间的干净，内心在任何时候也能保持清净安详。如果懈怠了，尘埃就会在不知不觉间布满整个房间以及心灵，所以请务必养成打扫的好习惯。

美好地度过早晨的方法 3

心行合一，
仔细地做早上应该做的事

早上醒来，从被窝里爬出来后，你最先做的事是什么呢？我想，如果做一个统计调查，回答"最先看手机"的人会占相当大的比例吧。

可能大部分人看手机，除了需要查看消息外，更重要的是因为手机取代了钟表。随时确认屏幕上所显示的时间，心里想着"得快点吃饭""得快点换衣服""再过两分钟不出门，就赶不上公交车了"……每天早上，像这样的情况是不是反复出现呢？

这样的结果就是，不管是吃饭还是穿衣服，都是在"一心多用"的情况下进行的。请仔细想想用餐这件事。前面介绍过"逢茶吃茶，遇饭吃饭"的禅语，一边看手机一边吃饭，哪里谈得上与吃饭合二为一、融为一体呢？手机里不断地播放着电视剧、短视频，使吃饭变得匆匆忙忙、狼吞虎咽。这种一心多用的吃饭方式，仅仅是机械性地把饭菜送入口中，而心和行不一，成了食不知其味的早餐。

早上起床不要看手机，不管是用餐还是换衣服，或者是准备出门的物品，请用心、仔细地做早上应该做的事情。如果已经有早起的习惯，时间很充裕的话，做个简单的体操，活动一下身体如何？这将是一天中活动身体的最佳时机，微微发汗之后冲个凉，面对工作的最佳状态就已经准备好了。如果非要看手机，那么请把这些事情都完成之后再看，这样有规划地做事，早上的节奏才不会杂乱无章。

实际上，试着不看手机，然后去一件件地完成晨间事宜，你应该会发现，这样比一边看手机一边做事的效率会高很多，也能节省时间。

早上总是感觉时间很紧迫，这是由于总是想着看手机，使每一个动作都有重复浪费，导致效率降低。

所以，不要让早上的时光流逝得太匆匆，从容利落才是优雅！

美好地度过早晨的方法 4

活动刚睡醒的身体，
邂逅每一刻时光

与每天早上花五分钟时间打扫卫生一样，我希望大家也养成走路的习惯。从现代人的日常生活习惯来看，走路的机会急剧减少。在自家附近的公交站乘坐公共汽车，或者坐地铁，然后就能到公司了。而且地铁站里有电梯，所以从家到公司的这段路程很少走路。

在公司里，整天都是坐在电脑前的工作，下班后又按照原路返回家。我想，除了业务员之类的工作需要"用脚挣钱"外，做其他工作的人，每天都过着几乎不用走路的生活吧。

走路时，腿部和腰部的肌肉经常得到锻炼，这是身体健康的关键。即便练就了一身优美的姿势，如果没有结实的腰腿做支撑，也是无法保持优美体态的。"好，那让我们一起去走路吧！首先得备齐衣服和鞋子才行……"像这样士气高昂倒也不必，保持平常心即可。那么，在早上，以轻松散步的心态去走路吧。

早上是一天当中最具有通透感的时间段。在空气新鲜的早上，活动活动刚刚睡醒的身体，能使心情无比愉悦。在行走中感知身体的细微变化，也是散步的乐趣之一。

"原来离家这么近的地方有个公园啊！因为公园不大，平时都没有注意到，没想到处处开满鲜花。一定要看看每个季节有什么不同种类的花儿开放。"

"啊！竟然这么早就有一家手工面包店开门了，之前还真不知道呢。下次要买些来尝尝。"

留心于此，感知于此，就是生命中的一次邂逅。禅宗有一句偈语说："逢花打花，逢月打月。"意思是说，如果遇到了花就好好地欣赏它，碰到了月亮就专心地赏月。也就是说，每一次的相遇，都要以快乐专注的心去面对。带着这样的心去散步，内心一定会变得丰富。

美好地度过早晨的方法 5

打开窗户给室内换上新鲜空气，深深地呼吸

有个简单的办法可以快速改变以往早晨的懒散，就是一起床就把窗户全部打开。当窗户打开，新鲜的空气进入后，房间里刚才还弥漫着的昨日的空气一扫而空，深深地呼吸，身体和心灵也会和房间里的空气一样焕然一新起来。走到阳台上缓缓地深呼吸三四次，将体内的浊气排出，内心也变得焕然一新。

我每天五点钟起床。首先做的事情是把正殿、客殿、厨房的遮雨窗打开，呼吸早晨的空气。出国或者到外地去时就另当别论了，只要是在寺院，我每天都坚持这么做。

大自然日复一日地迁流，没有哪一天是重复的，因此要全身心地去感受这种细微的变化。

"春有百花，夏有杜鹃；秋日的明月，冬季的白雪，寂然而静冷。"

这是道元禅师的诗歌。展现了天地之间四季变更的不同景色，美得无与伦比，使人神清气爽。日本是一个能真切地感受到四季更替之美的国度，而清晨是感受这种美的最佳时间。

修道中的云水僧有一种叫"晓天坐禅"的方法，就是天还没亮就起来坐禅，开始一天的修行。深深地呼吸，一边静静地感受自然界的变化，一边随着变化不断调整自己的身心，以此面对一天的修行。

怎样度过一个早晨，可以使这一天有着截然不同于以往的结果呢？我想应该没有人连着好几天都不拉开窗帘吧，果真如此的话，不难想象，像这样懈怠懒散的人是怎么度过一天的，我想应该是身体和内心散漫混日子的状态吧。一个人善待早晨，说明他珍惜这一天，也说明他是一个积极向上的人，更是一个知道用心生活的人。

美好地度过早晨的方法 6

早晨用腹式呼吸，从丹田发出声音

度过美好的一天所不可或缺的一点，就是要知道这一天自己身体的状况如何。可以在早晨用腹式呼吸，试着从丹田发出洪亮的声音。我每天早上诵经的时候，都尽量让声音传遍正殿的每个角落，当发出第一声时，就能了知这一天的身体状况了。

身体状况好的时候，心情也随之很好，用力从丹田深处可以发出响亮的声音，响亮得连殿堂的空气都为之震动。然而，身体状况一般或者不太好的时候，发出的声音就会沙哑。

用声音判断身体的状况，然后再确定这一天工作行动的方针，比如"身体状态极佳，今天超量工作也可以"，或者"今天身体状况不佳,一定要小心点,一味地蛮干,万一病倒了就糟糕了"。声音是管理身体状况的有效检测仪。

这是任何人都能办到的事,所以请大家试着在早上大声喊出来。如果有兴趣的话,可以把代表佛教精髓的《般若波罗蜜多心经》背诵下来,然后大声地念诵。虽然《般若波罗蜜多心经》仅仅二百多字,但也不是一下子就能背熟的。

不妨试着背诵一些自己喜欢的句子或者心仪的诗词。我想每个人都应该有自己喜欢的诗句或者残留在内心深处的文字,当你把它说出来时,就会精神百倍。另外,还可以在网络上搜索一些有人气的"名言",我想能找到很多,例如相田光男先生的"人生在世,跌倒又何妨""心决定着幸福",或者是金子美铃老师的"不一样的人,不一样的快乐"等等。就算是一句"早上好"或者"很好"都是可以的。

由丹田发出的声音不仅可以帮助我们了解自己的身体状况,还可以使人心情舒畅。从明天开始,让我们一起来做"一日一声"的练习吧!

美好地度过夜晚的方法 1

以睡前三小时为界限，一天的工作在这里结束

做任何事情都一定要有始有终，这也是优雅生活所必需的条件。如果一直被无可奈何的事情困扰，而迷失了当下应该做的事情，那么，内心基本上就没有精进的信念和决断的能力，做事情就会变得磨磨蹭蹭的。

有一类人习惯于这样的生活风格：一进家门就完全不去想工作的事情，跟家里人也不提工作如何，像这样把工作和家庭区分清楚的人是一个很好的典范。这个秘诀就是在自己心中设立一道边界线，也就是说，把自己家的大门作为一道边界线，分门内和门外，心情根据这道边界线很清晰地自由切换。因为区分得清楚，切换得自如，就能知道当下该做什么，不该做什么，然后全身心地投入到该做

的事情中。

这是空间的边界线,另外,在时间上最好也能划出一道边界线。比如以睡前三小时为边界线,一天的工作就在这里结束。即便工作中有失误或者人际关系不协调,都暂时在这里画个句号;反之亦然,即使今天心情特别好,一直热情高涨,也不要把这个余韵继续下去。

当一天结束时,希望你能在心里说:"今天是很好的一天啊!"你可能会这样认为,怎么能把烦恼麻烦的一天当成美好的一天呢?然而这种想法是错误的。请体会"日日是好日"这句禅语吧。

生活中,不可能每一天、每一件事都是美好的,都是让人充满幸福感的,有时也会遭遇到艰难的日子,也会寂寞无聊。然而,禅语告诉我们,即便是这样的日子也是好日子。艰辛和寂寞也是只有你个人才有的体验,也许下一次就没有这样的体验了,这些体验总有一天会成为你的精神食粮。所以,不管是怎样的一天,对你自己来说都是唯一的,都应该抱着过好日子的心态来接受。好,快到睡前三小时了,请你在心中默念"日日是好日"的禅语,为这一天做一个结束吧!

美好地度过夜晚的方法 2

让心安静之后再去休息

　　睡觉前的时间，你是怎么度过的呢？是否工作结束后和同事们或者昔日学生时代的朋友们一起去喝酒，喝得兴高采烈之时，不知不觉已经到了末班电车的时间了，终于赶回家，倒在床上就呼呼大睡？最近很流行仅限女性参加的"女子会"，偶尔参加像这样的使人放松的聚会也可以，但是，如果成为了每晚的固定流程就很麻烦了。

　　一天的禅修中，最后一次坐禅是在晚上，称之为"夜坐"。曹洞宗有一种坐禅理念叫作"只管打坐"，意思是只要打坐即可，坐到心中空无一物，甚至在打坐中，连佛都不要去理会，这就是道元禅师最尊崇的至高修行方法。

　　修行的僧侣在坐禅过程中调整身体姿势和呼吸，让心变得安静之后再去休息，睡前进行这样的活动，是很理想的状态。当然，各位不是修行中的僧侣，我也无意让大家都照着这样去做，只希望大家知道"哦，还可以这样啊"，就足够了。

我觉得，在睡觉前必须使自己沉浸在安详宁静之中，可以用不同的方式，读读书、听听音乐都是很好的方法。或是来点精油，使自己陶醉在治愈人心的香气中也很好。还可以适量喝点小酒，这也不错！

值得一提的是，当你觉得"啊，很舒服"，这是内心安详沉静的表现。不用说，此时你的呼吸和身体也都会处于轻松的状态。

时间不用很长，请让我们在睡前拥有片刻安宁，使内心舒适安详地专注于某一件事，十五或三十分钟都可以。我想，在结束了一天的工作之际，最适合你的事情，就是属于你一个人的"夜坐"。

美好地度过夜晚的方法 3

让身体休息，固定就寝时间

工作和上学的人，早晨起床的时间大概都是固定的，一般不会某一天起得很早或很晚，从早晨起床，就开始一天的规律生活了。

用最佳的状态迎接清晨，保持规律的生活，这一天的身心自然而然就能协调。但是，如果熬夜到很晚，睡眠时间只有平常的一半的话，虽然早晨起床的时间一样，但是在这个当下，生活规律已经被打乱了。

"头好沉啊！""身体困倦得要命！""今天不想去上班！"……如果醒来时有这些感觉，那就是生活规律被打乱了，这些都是身心不协调的表现。毋庸置疑，由此展开的一天，身心都会是萎靡不振的状态。

因此，睡眠时间的长短决定了你会迎接一个怎样的早晨。

禅修时，从早上起床到晚间休息，一整天的时间都安排得很细。比如我进行云水修行的总持寺的云水僧人们，要严格遵守作息时间，即早晨四点起床，晚上九点休息。

为了调整到最佳的身心状态投入白天的修行，就寝的时间以及起床的时间一定要固定，这是非常重要的一点。

大家是不是都不太在乎睡眠时间呢？即便起床时间固定了，就寝时间也是根据当天的情况而变化，非常不规律。由于工作或应酬回家晚了，就寝的时间随之延迟确实是没有办法的事情。但是，我们要尽可能地按时就寝。可能有些人认为即便熬夜了，只要找时间把它补回来就可以了，但实际情况是，睡眠是无法再补回来的。

一边悠闲地看着电视，一边迷迷糊糊地打瞌睡。"啊，已经这么晚了啊，赶紧睡觉！"也要告别这样的夜间作息。

另外，有些人睡觉的时候习惯开着灯、开着电视、开着音响等。光和声音都会影响人的深度睡眠，特别是电视屏幕闪烁刺眼，是睡眠的最大妨碍者。

日出而作，日落而息，让身体休息，安详入眠，这是人类原本的生活习惯，也符合大自然的规律，同样也是我们的生命所需要的。因为有宁静的环境和昼夜的交替，我们才有安稳的睡眠。

特别是在这个时代，能源已经成为世界性的问题，每个人都需要节约能源，如此才是善待地球。善待本身也是一种美。

美好地度过夜晚的方法 4

半夜不想事情，不让内心被不安占领

大家遇到过这种情况吗？"一到夜晚就总爱思考些什么，让内心忐忑不安的事情总是浮现在脑海，真奇怪！"

确实很奇怪，工作的问题、人际关系的问题，还有关于恋爱的事等等，这也担心，那也担心，觉得内心不安，烦躁忧虑，而且这些都是发生在夜晚独自一人的时候。

那么，想来想去结果如何呢？也就是朝着一个大概的方向思考，然后又在相同的地方结束。这也不是，那也不是，反复琢磨之际，忧虑和烦恼也逐渐加深。如此一来，心越来越不安，烦恼越发增多，忧愁使自己失眠，绝望的心情由此而生，你也会这样吗？

外在的环境会对我们的思想和行动产生很大的影响，

独自一人在黑夜里,这种环境会对心理产生负面影响,使思想倾向于悲观的一面,或者说可能会陷入负面情绪的旋涡之中。

最好的证明就是当你一夜无眠的时候,一旦等到天亮了,原本绝望的情绪大多会变成"什么呀!没什么大不了的事嘛"。所以,早晨的思维方式,才是处理烦恼或忧虑之事的最佳思维方式。就像人们常说的:"笨人想不出啥好主意。"换句话也可以说:"半夜不想事情。"因此,为了不像那样苦恼,就要了解忧愁的本质和不安的真相。

据说,禅宗的始祖达摩大师和他的弟子二祖慧可大师之间有这么一个故事。

在持续的修行中,慧可大师无论如何都安不下心,为此心生烦恼。想尽一切办法去解决都无济于事,最后就去请教师父。

"弟子无论怎么修行,内心都不安,师父能否去除我心中的不安呢?"

达摩大师听了之后,若无其事地说:

"这样啊,好吧。我马上为你去除不安,让你安心。

那么，请你把不安的心拿过来。"

慧可大师到处寻找不安的心，可怎么也找不到，便坦诚地告诉师父：

"虽然我找了，但这个不安的心怎么也找不到。"

达摩大师就说："好了，我已为汝安心。现在，汝已安心了吧？"

于是，慧可大师言下大悟。那么，慧可大师悟到了什么呢？大师悟到了其实不安的心没有一个实体可言，不安只不过是自己内心幻化出来的；无论它怎么压在心头，只要改变心境，它就消失了。这就是烦恼和不安的本质。

夜间，当内心被不安占领时，请想想这个故事。因为不安的心无论怎么找都找不到，那就干脆放下吧！你一定也能做到，一定！

优美的仪容 1

服装是一种生活态度，可以传达出你的内心

"服装是一种生活态度。"我记得这句话好像是法国时装设计师伊夫·圣·罗兰所说。确实，穿着自己挑选的衣服，的确可以反映出一个人的生活态度。同时，我认为，服装也能反映出自己当下的心境。

在商务场合，第一次拜访客户方的负责人的时候，一般都会考虑这些事：不能失礼，要获得对方的好感，要传达出自己的热情和干劲等等。这一点从服装的选择上也能反映出来。比如，设计上较为正式的款式，颜色和花纹尽可能不要太华丽，比起手包，公文包会更加合适……这些方面都在考虑范围内。即使这个季节正盛行"Cool Biz"运动〔一场由日本政府发起的运动，号召上班族在夏季，也就是6月至9

月，脱掉西装，解开领带，身着轻装上班。来自英语"凉爽（cool）"和"商业（business）"两个单词——译者注]，也不会选择凉快却随便的衣服吧。男性在这个时候也会把平时不怎么戴的领带仔细系好吧。

可以说，穿着可以体现出一个人的内心。和心仪的对象初次约会的时候，人们一般都会穿着温暖柔和的衣服，而非设计前卫的衣服，不是吗？如果审视一下此时此刻自己的内心，是不是想传达出温柔真诚的感觉呢？一定是这样吧。

换个立场想一想，对方一定也能通过你的穿着看到你的内心。虽然最近随性和颓废的风格好像成了一种流行趋势，但是如果穿成这样的话，即便内心充满了诚意，也很难顺利地传达出来吧。

大家可以通过衣着打扮来审视自己的内心与穿着是否协调。当两者吻合的时候，必定能显现出那时最真实的自己。

优美的仪容 2

对衣服有敬意，看上去会更加闪耀动人

关于衣着，人们的想法大概分两种：一种是积攒很多衣服，尽可能地穿出不重复的搭配；另一种是只买好衣服，长时间珍惜地穿。换句话说，就是量比质重要还是质比量重要的选择。

流行总是瞬息万变，要追求流行，拥有大量的衣服是必不可少的吧。这样的人也许经常会被周围的人评价："总是走在流行的最前线，好酷。"然而，流行一旦过时，原先为了追求潮流买的衣服也不怎么穿了，因为他们追求的就是"流行"。

另一种是只买好衣服的人。因为价格不菲，购买的时候总会再三考虑再下手。比如这件衣服是否适合自己，会呈现出怎样的自己，会不会一下就穿腻了……必须考虑好各种要素之后才决定买下来。当然，这样买的衣服一定会很珍惜，而不是只穿了一个季节或是两个季节就压箱底了。

这样的人追求的不是"流行"，而是"自己"。选择适合自己风格的衣服，不管过了五年还是十年都能继续穿。和流行不同，因为自己是不会过时的。这是价值观的问题，两者之间并没有哪个好、哪个不好之分。只是我认为比起收集情报来追求流行，面对自己，认真思考之后再选择衣服的人更加深思熟虑，对衣服也能更有敬意，结果上看也更加闪耀动人。

"看到她就知道现在流行什么啊，简直是行走的时尚杂志。"

"她的穿着打扮总是很有一致性，能把自己的特色彰显出来，一定很了解自己吧。"

这两种评价，哪一种是优美的生活方式，答案不是很明显吗？

优美的仪容 3

有清洁感的人，
也给人一种心灵清明的印象

　　去寺庙或神社参拜的时候，一定要做的事就是"净身"，即在境内的"手水舍"（洗手处）洗手、漱口。因为这里是神圣的地方，是供奉神佛的地方。所以前往供奉主佛的寺庙正殿或祭祀神灵的神社正殿参拜时，身心都必须处于洁净的状态。净口和净手意味着身体被洗干净了，心灵也会跟着变得干净。于是有了这样的规矩。

　　把身体洗干净很重要，因为身体和心灵是紧紧相连的。只要知道这个，就很好理解了。有清洁感的人，也会给人一种心灵清明的印象。

　　即使穿着昂贵的衣服，如果袖口脏脏的，给人的好感度也会立刻下降；相反，即使穿着便宜的衣服，但是身上没有一点污渍，就像刚洗好的一样，还飘着洗衣液的清香，这样的人会让我们对他的好感度急速上升。

"穿的衣服看上去确实很昂贵，不过感觉是个不怎么注意细节的人呢。恐怕房间也不怎么整理吧。"

前者的居家状态也会遭到如此的臆测，相对地，后者会受到这样的评价："好清爽啊。这么细心的人，对待别人的时候一定也很注重细节，很为他人着想吧。"

两者的区别是不是很大？

仪容仪表之美的基础就是清洁感。在不稳定的地基上建的房子，什么时候突然倒塌了也不奇怪。如果"清洁感"这个地基不稳，无论怎么装饰打扮，也无法让人感受到真正的美丽和清爽。所以，首先要从牢固的地基着手。

优美的仪容 4

对颜色保持丰富细腻的感受，找到适合自己的

说到整理仪容，颜色也很重要。

肤色和洋装、和服的颜色之间也有所谓的补色关系吧。肤色白皙的人穿红色或深蓝色会看起来很亮，肤色偏黑的人穿白色或淡紫色系会比较抢眼，这是真的。

只要平时对颜色保持敏感，以"这个颜色合适吗？""这个会显得脸色比较暗沉吧？"这样的感觉去审视，就能养成色彩感。

将色彩感磨炼敏锐之后，就能知道自己适合什么颜色了。找到自己的基础色后，饰品等小物件也就比较容易挑选了。因为是以基础色为主来考虑搭配的，就不会有突兀的颜色混杂进来了，改变上下身组合搭配时也会

比较有效率。

禅门之间的尊卑是以衣服的颜色来表现的。最高位的是紫色，而且是远看像黑色的紫。因为紫色的染料稀少又贵重，只有最高等级的禅僧可以穿紫色的禅服。其后是偏红的紫，接着是黄色、红色，以这样的顺序来区分尊卑。

以下是我个人的见解。我觉得颜色和一个地区的气候有很大关系。譬如，气候干爽、常常能看见晴空的地中海地区，万物总能映照出原色，所以原色也深受当地人喜爱。但是欧洲的北部阴天的日子比较多，也自然以偏黑的颜色为基调。

事实上，意大利和希腊、丹麦和瑞典这两组国家，前两者与后两者无论是街道的色调还是人们穿的衣服，都呈现出截然不同的对比。美国也是一样，纽约和波士顿等东部地区，与洛杉矶、旧金山等西海岸地区相比，颜色的区别也尤为明显。

日本四季分明，气候变化也极为丰富。将四季加上颜色，便是"青春""朱夏""白秋""玄冬"。这来自中国的五行之说。日本人对颜色拥有丰富又细腻的感受。就红色系来说,就有"茜色"、"胭脂色"、"今样色"、"柿色"、"唐红"(韩红)、"鸨色"等有着微妙区别的颜色。北原白秋(日本著名诗人与童谣作家,著作等身,并为许多歌曲填词——译者注)所填词的歌曲《城岛之雨》中有一句歌词是"下起利休鼠的雨",而"利休鼠"指的就是带绿调的灰色,这种颜色的表现在世界上可谓是独一无二的。

说了这么多题外话,总而言之,希望你把这件事放在心里,对颜色保持丰富细腻的感受。从这一点开始,在挑选颜色时若能自然地考虑到季节感、地域性和气候的话,便能成为一个更优美的人。

优美的仪容 5

不知道如何是好的时候，请保持最根本的利他心

和仪容密不可分的是 TPO 原则 [Time（时间）、Place（地点）和 Occasion（场合），TPO 原则即要求着装与当时的时间、地点、场合相协调——译者注]。无论打扮得多么无懈可击，只要不符合 TPO 原则，必定会引起周围人的侧目。日本人常说"心技体"，就仪容而言，"体"是姿势与举止，"技"是穿着打扮，"心"则是对分寸的掌握。

现在，最容易仪容有失分寸的情境应该就是婚宴了。婚宴对来宾们来说也是相当隆重的场合。我知道大家都想打扮得漂亮一点，但舞台的主角是新郎和新娘，千万不要忘了自己此时只是一个配角，应当扮演好这一角色，让主角们发光发亮才对。

宾客的衣着无论在豪华程度还是抢眼程度上都不能超过新娘，这是铁则。如果知道新娘会穿白色的婚纱或者传统的"白无垢"，自己就应该避免穿白色的礼服。如果穿着一身比新娘还抢眼的白色礼服出席，使会场的目光全都聚集在自己身上了，气氛就会变得很尴尬。

虽说参加婚宴是寻找另一半的好机会，但是如果不分场合地逾矩，也会对个人形象造成负面影响。佛教有句话叫"利他"，即比起自己，更应为别人着想。一个能实践利他思想的人，本身就会散发出人性之美，也不需要任何自我展示。

葬礼更是应当掌握好分寸的场合。讣告一般都来得很突然，但即使意味着要立刻赶去参加葬礼，参加守灵夜的时候也最好不要穿丧服去。不过，现在很少在逝者往生的当天守灵了，若是过了几天才举行守灵，还是整齐地穿好丧服去参加比较合乎礼仪。

顺便一提，香典袋（日本汉字写法，又写作"御香典"，中文称"奠仪袋"。日本人在葬礼时用来装慰问金的一种特制纸袋。白事奠仪的袋子只有黑白色或灰白色——译者注）上的文字要用淡墨来写才算正式，惯常的理由是：表示在磨墨之际也哀悼故人，不禁潸然泪下，冲淡了墨汁。但这其实是错误的。正确的理由是：因为书写匆忙，没有足够的时间磨墨，所以墨色很淡。

此外，葬礼上的问候也是有规矩的，就此我也谈一谈吧。

人们通常都说"请节哀"，但是讲究TPO的话，还可以有不同的表现。例如痛失挚爱的逝者家属在悲叹时，你不妨这么说："真是太难过了，但是您要多保重身体啊。"如果是长期辛苦照料故人的家属，可以说："有您这么细心努力的照料，他一定走得很安详吧。"这样的话最能抚慰对方的心灵了。如何认清状况并说出适当的话，也是相当需要"眼力"的。

人生在世，难免会遇上婚丧嫁娶等红白喜事。如果你有所困惑、迷惘，不知道如何是好的时候，请想起最根本的利他之心。抱着这样的想法去做的话一定没问题！

过着和花儿心灵相通的生活，是多么美好

房间里有花，仅仅是这样，生活就能发生变化。花拥有一种力量，可以使充满浊气的房间变成让人心情舒畅的空间。自古以来，不论东西方都有插花文化，但东西方的插花文化截然不同。

欧美的插花艺术注重颜色和饱满度，搭配很多五颜六色的花朵，展现出豪华缤纷的花的世界。即使形式有很多种，五花八门，但这一点是不变的。

日本的插花就不同了。花道表现的是"心"。无论是为了自己观赏还是为了迎接客人，都会用尽心思挑选，将自己的心意托付在花的生命上。一句话概括，大概就是用心意去创造生命吧。

在盛夏的酷暑中迎接客人时,你是不是会有"要是能让客人觉得凉快点就好了"的想法呢?在一支竹筒里插上一朵牵牛花放在玄关,看到清爽的蓝色牵牛花,谁都会顿时忘记酷暑,心旷神怡起来,从而感受到主人的良苦用心,心情也会变得平和。

若是一个人住,在没有外出计划的假日里,自己下厨准备晚餐时,心里也许会涌上"总觉得有点寂寞呢……"的感觉。不过如果在摆好料理的餐桌装饰上自己最喜欢的花,心情就会变得相当不同。

"说起来,去北海道旅行的时候看到的铃兰花好美啊。"诸如此类,伴随着开心的回忆,吃起饭来也更加愉悦。

偶尔将心情寄托在花上,过着和花儿心灵相通的生活,这该是多美好的事情啊。

爱惜老旧之物，感受人的温暖

肯尼亚的马塔伊女士以日文的"MOTTAINAI"（可惜）作为国际标语，提倡保护地球环境，因此获得诺贝尔和平奖。日本作为这句话的发源地，却是个大量消费的社会，对现代日本人而言，这句话听起来应该很刺耳吧。

在这个"用完就丢"变得理所当然的时代，爱惜老旧之物的心更显得闪闪发光。尤其是手工制品，变得老旧之后更会散发出一种独特的韵味。例如木制品、皮革制品或者陶器，都是越用越有味道吧。

世界上没有两件东西是一模一样的，这也是手工制品的魅力所在。木制品即使形状相同，每件物品的木纹也是不一样的，同一批陶器在形状上也有微妙的差异。这些手工制品都能让人感受到"人的温暖"。光是这样就值得好好爱惜了，不是吗？

爱惜老旧的东西，这代表接受了"从制作者到使用者灌注其中的心意"。制作者全神贯注的炽热之心，和细心的使用者的谨慎之心，全都可以借由物品传达。若是了解了这份心意，应该不会草率地对待。

比如，去朋友家，朋友沏茶招待你的时候，向你谈起这只茶杯的历史，会给你留下什么样的印象呢？

"这只茶杯看上去很旧，对吧？其实这是我祖母用过的东西，是祖父和祖母结婚不知道几周年的时候买的，一直当成宝贝一样很珍惜地使用……而现在我居然还能使用它，真是觉得不可思议。"

虽然没说得很直接，但是可以从中感受到朋友对祖母深厚的感情，自己的心中也不由得觉得温馨。希望大家可以成为能够给人留下这种印象的人。

不悔过往，不忧未来；
即今、当处、自己

　　"如果那时这么做，结果应该不同吧！""五年后的自己会怎么样呢？要是还没有对象该怎么办呢？"懊悔过往，忧虑未来，这些念头会不会偶尔浮现于脑海呢？懊悔或忧虑的事情可能不同，但我想任何人都有这样的体验。

　　然而，已经过去了的事情是不可改变的事实，现在无论怎么懊悔都无济于事，也不可能重新来过。而且，将来会变得如何，不到那个时候也不可能知道，再怎么担心忧虑都是没有意义的。

　　禅宗里有句话叫："即今、当处、自己。"即今就是当下这个时候，当处就是自己正处的位置，自己就是自己本身。大概的意思是："当下不做，更待何时？唯有当下！""不在此处做,究竟在何处?唯有此处!""自己不做,等谁来做?唯有自己!"

这句禅语是说,当下所处之地、所处之状况下应该做的事,是要靠自己尽全力地去做的,这就是所谓的"活在当下"。

活在当下,当下是最重要的。没有空闲去回望过去、幻想未来。该做的事,能做的事,只有在你存在的这个当下、这个地方才能去做。

当你左顾右盼地想着过去和未来的时候,此生的时间就这么匆匆逝去。我想可以这么说,如果忘记了专注于当下的事,时间就会白白流逝。你不觉得可惜吗?

有句禅语是"放下执着",意思是要放下一切。确实如此,将过去和未来统统放下,才是最好的生活状态。

第四章

以心传心,善待他人

语先后礼，
可以让语言更好地传达给对方

人与人的接触也好，对话也好，都是从打招呼开始的。当然，商务场合中打招呼也是极为重要的。要是被说"连招呼都打不好"的话，就等于被烫上了一个"没有资格当商务人士"的烙印。

打招呼应该自己大声地说出来，这个道理仿佛谁都懂，却并没有被严格地执行。嘴里嘟囔着"早上好……"，这样的情况可不少见。不是有礼尚往来这种话吗？自己先以饱满的精神状态和对方打招呼的话，对方也会打起精神来，这样双方在语言和心理上都可以产生共鸣。把自己的感情闷在心里的话，是无法和人产生共鸣的。

日语中"打招呼"一词写作"挨拶"，原本也是一个禅语。汉字的"挨"和"拶"都有"互相推敲"的意思。本来的意思是禅僧们在进行机锋问答的时候通过辩论来互相推敲对方的意思，以此得知对方悟道的程度。通过这个典故我们便能知道，打招呼就是触动人内心的敲门砖。

打招呼还有一个要点，那就是要注意形式。令人心情愉快的问候语，必须借助端正庄重的举止来完成。

所谓"和颜"，就是指稳重、温和的表情，这是相当重要的。"和颜"可以赋予问候语更强的力量。

有个与"和颜"形成对偶的词叫"爱语"，两者通常作为"和颜爱语"这个四字熟语被人们使用。只要有温和的表情，语言也自然会变得有亲和力，给对方以平易近人的感觉，语言就会变得更有力量。

说到"形"，你是否知道"语先后礼"这个词？先说话，后行礼，也就是说，先尊敬地看着对方说"早上好"，再恭敬地鞠躬。比起语言和礼仪同时进行，"语先后礼"可以让语言更好地传达给对方，整体的举止也更加端庄，让你打招呼的方式更具风格。

想着对方，
真心实意地写好每一个字

随着电脑的普及，手写文字的机会越来越少。这样的时代，也许是那些写着"金钉流"书法（连自己都认不出来的拙劣的书法）的人期待已久的吧。手写的文字与打印机打的文字还是有很大差别的。

尤其是在想要给对方传达自己的感情的时候，手写文字和打印机打的字所传递的信息就有很大不同。感谢也好，道歉也好，请求也好，传达这些感情的时候，手写的文字都包含着无可替代的东西。

最近那些把生产者照片印在包装上的农产品的人气渐长。通过"能看见生产者的脸"这一点，这些农产品给消费者传达了一种"倾注了心血"的感觉，让消费者感到很安心。这就是它们有人气的原因吧。

手写的文字也是一样的道理,读的人通过文字仿佛看到了写字人的脸。所以,我认为手写文字能更好地传达感情。

道理是这么说,可不擅长写字的人依然不在少数。但是我认为,人人都能写出优美的文字。

有人会写字,也有人不擅长,并不是人人都能写出像字帖里那么漂亮的字的。但是有一点谁都可以做到,就是"想着对方,真心实意地写好每一个字"。一个字一个字地认认真真地写下来的文字,即使不是那么漂亮,也一定能让人感到其中的美好。

可以的话,最好能使用毛笔蘸墨水来写。我知道一定会有"这谁做得到啊"这种声音。不是毛笔也可以,只要是软头笔,写出来的字都是备受推崇的。我经常会收到各种各样的来信,其中会有一些用毛笔写的信,它们往往是最先映入眼帘的。这样的来信有着独特的魅力,不仅吸引眼球,也容易让人心生好感。

禅僧的书法常常被称作"墨迹"。普遍认为,如果写字的人是大师,"墨"的"迹"便能展现他的功绩和人格。可以说,高僧的风采和人品全都体现在了他的墨迹中。

即使师父已往生,只要在墨迹前双手合十,便能感受到师父的存在。

禅语有个词叫"如在",即仿佛还存于这里一般,我们禅僧将之与墨迹联系在一起。

刚才谈到了见字如面,看见了手写的文字就像看见了那个人的脸。那么,可以说毛笔字更是栩栩如生地模拟了那个人的存在,能看到他的整体样貌。在关键时刻,无论如何都想把自己的心情完完全全地传达给对方的时候,不妨试试用毛笔字那强大的力量来传达信息吧。

每一个生命都值得尊重

人人都有社会性的立场和地位，认识到这一点是非常重要的。有时人与人的交往中会产生误解，而在立场不同的时候，更应该加以注意。

生活中经常有这样的场面：当对方是甲方时，就对其满怀敬意，考虑周全，接待礼节和遣词造句都无比周到；而当对方是乙方时，态度就突然转变，自大起来，说话的语气也变得傲慢。

人们往往会根据立场的不同而改变对待别人的方式。在同一个职场上也存在对上司谄媚奉承、对下属鄙视轻蔑的情况。使这样的"态度骤变"正当化的逻辑就是"因为认识到了立场的不同"吧。

然而这样是不对的，人要认识到立场的不同并不是这样的意思。这是被立场所束缚,并且滥用自己的立场,是误解了这句话。

无论谁的生命都是无可替代的,而立场和地位都是瞬息万变的。比如,大企业的部长、公司的董事,如果遇上企业整改,降了职或是下了岗,不也是转眼间就变成"普通人"了吗?

立场和地位,终究是过眼云烟,渺茫且无常。被那样的东西束缚,简直是愚蠢至极而又孤独可悲的生活方式。你是不是也这么认为呢?

世间有各种各样的职务,每个人担任的职务各不相同,然而每个人都是同等的存在。当你意识到这一点,就不会再误解了。

怀着尊敬的念头面对长辈

有句话叫"仓廪实而知礼节,衣食足而知荣辱",出自中国古典著作《管子》。意思是说,生活在某种程度上富裕了,便开始对礼仪和分寸有所理解和分辨。

虽说经济长时间低迷,但是现在的日本并不存在缺吃少穿这样的情况。岂止如此,目前餐厅和家庭以及食品产业产生的食品垃圾,平均一年大约有1940万吨之多。浪费到了这样的程度,饱食的时代还将继续。

在这样的情况下,无论是谁都应该懂得礼节了吧。然而,事实是什么样的呢?以措辞为例,对长辈和上级,你尽到应有的礼仪了吗?把握好交往的分寸了吗?这就有些难说了吧。

将基督教传入日本的方济各·沙勿略曾经这样记述他

对日本人的印象："日本人十分谦虚谨慎,而且很有才能,求知欲旺盛,遵从道理,素质很高,并且憎恨偷盗等恶习。"

从中便可看出,那时国情是全体国民都很重视礼节。过去,人们认为礼节是值得大书特书的国民美德。而现在,那样的国情已经到了"风烛残年"的地步了吧。

家庭和学校,乃至整个社会都有教育水平低下这个问题。袖手旁观是无法改变任何问题的。那么,请你首先从自己开始,努力找回曾经的美德吧。

将长辈看作比自己年长且经验丰富的人生前辈,怀着尊敬的念头面对他们吧,应该不会是多么困难的事。这无疑是通向"知礼节"的路。

直接的话语，
比线上沟通的信赖感更高

现在，人们使用得最频繁的交流方式大概就是各种即时通信软件了吧。尤其是年青一代，说他们一天到晚都在聊天也不为过。收发信息不用考虑时间，也不用担心对方是否方便。

确实很方便，我也经常用。日常的联络、感谢别人的牵挂、问候别人的健康等等，自己不用去任何地方便可以瞬间传达给身在世界各地的人。即时通信可谓是能将无微不至的照顾发挥到极点的工具。

但是，希望你能认识到，即时通信软件再怎么好也只是一个道具而已。

比如，对别人做了什么失礼的事情想要真诚地道歉的时候，在邮件里输入"真是失礼了，实在是太抱歉了"，然后发送，这样真的能将赔罪的感情传达过去吗？站在接受道歉的那一方的角度想一想就知道了。你一定会这样想吧："既看不见表情，也听不见声音，就这么单方面地道歉的话实在不能接受。只是自己觉得'反正我道歉了'的自我安慰罢了。这样的话根本不能平息我的怒气啊。"

通过道具的话，诚意就难以传达。禅语有个词叫"面授"。重要的教导必须在师父和弟子面对面接触时才能传授，是这么个意思。道元禅师对此十分重视，特意教导说要严格遵守。

我们的日常生活中，也有这种必须本人到场、面对面交流的重要场合。除了赔罪、感谢和委托，还有各种事项的商谈等最好都进行面对面的交流。通过面对面地表达感情，深深地鞠躬，表情、语气以及种种举止，一定能将诚意传达过去。遇到不能直接见面的情况，打电话也是可以的。尤其是当对方很忙，难以抽出时间面谈时，我们便可以通过电话直接以对话的方式传达诚意。

道歉和道谢都最好尽快将诚意传达给对方。若是不能马上去对方那里的话，先发信息说"实在是不好意思，之后定会登门拜访"，然后再在登门的日子之前通过信息协调具体时间也是不错的做法。再有，面谈和电话若有没说清楚或是没说完整的内容，之后再通过信息跟进也很好。关键是看通过信息有没有把事情解决，有没有说明白，从中便能看出人与人的差别。

最近许多公司内部都通过即时通信软件接洽工作。即使在同一楼层，明明走两步就能见面，说话马上就能听见，还非要线上联络的人越来越多。确实，给多个同事发送同一内容的时候，线上可以一下完成这一点十分便利，也可以留下记录，有备忘的功能。

然而，以上那种做法的延伸，也就是一点简单的讨论和报告都要线上来完成的情况，对此我就持有一些疑问了。向上司报告公务、提出请求，给部下传达注意事项、分配工作，征求同事意见，这类事情，我认为直接说话会更好。线上信息不能传达彼此之间细微的感情和态度上的微妙差异，而且，在社会上工作这件事本身就是要和人交往的，希望大家可以重视人与人之间的交流。特别是因为事情难以开口，就用线上沟通的方式去解决，不太妥当。正因为是难以开口的事，更应该以直接对话的方式来加深相互之间的理解吧。虽然直接对话比发信息要费劲一些，不过也正是因此，直接对话给人带来的信赖感会比较高。

表达感激的做法 1

感谢的话要在感受到的时候马上说出来

说到最令人愉快的语言，莫过于"谢谢"了吧。听到人家表达谢意的时候，没有人会感到不愉快，而且内心会不由得变得暖暖的。所以我们应该更加深入地了解感谢的价值，并且更加频繁地使用它。

我认为表达感谢有一个原则，这个原则就是"感谢应在感受到的时候马上说出来"。随着时间的推移，想要传达的谢意也会逐渐褪色。"上周真是太感谢了……""上周？哦，原来是上周那件事啊，不用记在心上。"

就因为错过了时机，难得的谢意也会变成"不用记在心上"。

如果当场表达谢意的话，对方就会说"能帮上你的忙就好"或者"如果有什么需要帮忙的尽管告诉我",谢意也会立刻传达给对方。

仔细回想一下的话,印象中日本人意外地在应该表达谢意的时候却没有表达。例如在其他国家,在餐厅就餐的时候,服务员上菜之后大多数人会说"Thank you";而在日本,同样的情况下,大部分人通常什么都不说,或者仅仅点头示意。

我想同意这种说法的人应该不在少数吧。不要再吝惜说"谢谢",这是通往高尚人格的捷径。

在餐厅得到服务的同时,自然而然地说出"谢谢"的人,自己的心情应该也会变得愉快。不仅仅是餐厅,例如坐电梯时被帮忙按开门键的时候、被转接电话的时候、离开宾馆结账的时候、下出租车的时候……当你可以爽快地表达谢意时,投注在你身上的视线,一定比任何时候都要和善和温暖。

表达感激的做法 2

用正式的书信表达感谢，会显得更加真诚

相信几乎所有的人都对亲戚朋友或者单纯的熟人，又或者只有工作往来的同事表达过感谢。表达感谢的时机非常重要，就算无法当面表达，也要马上通过电话或者短信、邮件传达给对方。相信这已经是大家公认的常识了。即使是三言两语的感谢，也可以使对方充分感受到你的诚意。

虽然前文里写到"道谢的话应该当面说"，但日常生活中有许多应该感谢的事情，由于时间和场合等情况，当面表达的话可能会比较困难，这种情况马上以短信或邮件的方式表达谢意不失为一种折中选择。不过事后如果可以用书信的方式再次正式表达谢意的话会显得更加有诚意。

回礼的时候，经常由于挑选礼物而错过最佳时机。这种情况如果可以先口头或者线上表达感谢的话，就不会有错过时机的问题了。挑选好礼物之后，再附加一封表达感谢的书信，对方也会更加高兴。事实上，在现实生活中，用正式的书信来表达感谢，会显得更加真诚。

用书信表达谢意时，并不是单纯地写很多客套话，而应该尽可能地表达出自己内心的想法。比如，收到他人赠予的某个地方的特产时，可以写和谁一同分享了、对这个特产有什么评价，或者对特产的产地有什么印象之类的内容。根据收到的礼物，把自己的感想和感谢的话语结合在一起写成书信。如果可以让对方想象出自己收到礼物时的情景，一定能更好地传达谢意。

知道自己挑选的礼物被认可，对方应该也会感到非常开心。这样一来，感谢之情便能非常完美地传达给对方了。收一些带有季节感的礼物时，也可以根据季节特点来表达一下自己的心情，例如，"感到了春天的气息""仿佛夏日的炎热都一扫而空了""尝到了秋天特有的美味""承蒙您的关心，连冬日的冷风都不觉得刺骨了"之类的话语。

感谢可以获得人心,可以使人际关系更加牢固,感情更加深厚。这就是感谢所包含的不可思议的力量。

款待的姿态，
存在于以心传心的世界里

　　款待之心，可以说是日本人美好精神世界的精粹。它超越了吃饭、喝茶，是全心全意地为客人献上这段时间和空间里的一切。这就是所谓的款待。

　　说到插花，第三章中也提到过，为客人挑选具有季节感的花卉也是款待之心的体现。那么要摆什么花呢？如果客人是即将结婚、洋溢着幸福气息的女性友人，在玄关摆上一些报春花是十分内行的做法。报春花的花语是"永恒的爱情"，可以表达出"愿你永远幸福美满"的祝福。

　　如果觉得朋友最近没什么精神，想给她打打气的话，就为她挑选紫阳花（花语是"有活力的女性"）或是百日红（花语是"永恒的友谊"），都很不错。虽然花卉仅仅是摆设,但也要精心挑选,因为这也是重要的款待之心。

但是要记住,"不说破"是款待的规矩。如果在玄关迎接朋友时说:"你看,这是报春花,花语是永恒的爱情。我希望你的婚姻生活可以永远幸福美满,才放的这种花。"这就变成不解风情的表现了。小心不要把自己选花的心意说出来,这也是款待者应该注意的。

接受款待的一方,如果在玄关看到了报春花,明白了对方的用意,只要微笑着说"谢谢"就可以了。款待者只需要心照不宣地点头致意就好,仿佛在说"很高兴你看出了我的用意"。这种无言的交流建立起来的沟通才是款待的精髓所在。

这样的互动要求彼此的胸怀以及涵养都足够,换句话说,就是"作为一个人的力量",即禅所说的"以心传心"的世界。不通过语言,而是通过心与心的交流来传达。禅认为这样的世界非常重要。

有句禅语叫作"不立文字,教外别传",意思是真理和领悟都无法用文字表达,对真理的悟道不是读多少佛经就能实现的。真正重要的东西,存于心底的真实想法,绝对不是语言能够传达的。

"禅的世界果然很难懂。"或许大家都有这样的印象,但其实禅的世界并非如此之难。你应该有过这样的经验:明明没有说破,但亲近的人的心意却能悄无声息地进入你的内心。或者有过这样的感觉:什么都没说,对方却知道自己在想什么。由此可以看出,以心传心的世界并非遥不可及。

款待的终极姿态,便存在于这以心传心的世界里。请大家将它谨记在心,切莫忘记。这样的话,一定能成为优雅的款待者。

饮食的款待 1

一期一会，
以过去、现在、未来三种食材

　　西洋料理和日本料理的一大差异，在于使用的食器种类和数量不同。西洋料理根据前菜或者汤之类料理的不同，食器也多少会有变化，不过基本上用的都是看上去差不多的器皿。与此相对的，日本料理根据料理的不同，使用的器具的大小、花纹乃至形态都不尽相同。因此，日本料理的食器种类和数量都极为庞大。

　　怀石料理的命名有个典故。修禅的僧侣为了抵抗饥饿，在怀里放一块温暖的石头，这样即便吃得很少也有饱了的错觉。然而原本怀石料理指的是茶会的时候主人招待客人上的简单料理。

　　说起这怀石料理，菜肴包括饭、汤、生鱼片之类的"向付"，盛放煮物、烤物、咸菜、酒肴之类的"八寸"和"汤桶"，上菜的时候自有独特的顺序，却从来不会使用同样的容器来盛放。各种各样的器具，都搭配与它们相衬的美观的料理。

搭配要考虑到器具和料理的大小、颜色的调和程度，为了让料理符合器具或者让器具符合料理而细心研究，这是日本料理的灵魂。不仅要让客人体会到料理的美味，还得让器具和料理达到完美和谐，才是日本独特的无微不至的款待方式。

当然，想要聚集齐怀石料理所需的所有器具可谓是不可能完成的任务。不过若是能把最重要的那份心意活用起来，不也很好吗？

在用美妙的食物招待客人的时候，比如做土豆炖肉、烤鱼、醋拌菜的时候，倘若不是一股脑儿地盛在一起，而是稍微花点工夫研究一下摆盘，会如何呢？土豆炖肉放在深色的木碗里，烤鱼放在青花瓷盘里，醋拌菜放在色泽古朴的小钵里，光是这样，整顿饭的气氛都会变得截然不同。

而且，用便宜的容器就够了。被无微不至地款待的人，可以感受到被充分重视的感觉，那份细腻关照自然会铭刻在心。作为主人的你，也会被这样评价："原来他还有这样的一面，真是太棒了。"

在日本料理中，无微不至的招待法的秘密也隐藏在"素材"本身里。时令素材占六七成，即将过季、余韵犹存的素材占一成五至两成，将要成为时令食材的素材也占一成五至两成。这样，根据时令的不同，聚集齐三品的最高级招待料理也就完成了。

这就是意识到过去、现在、未来的时间流逝的料理。用餐的时间是有限的，这种选材在告诉客人：即便在这有限的时间里，从过去向未来奔流的永恒时光也存在着，请慢慢地享受吧。这样的思想，也被灌注到这严选食材的一顿饭中了。

这样无微不至的款待的心情，有一个文化背景，也就是只看字面意义或许不太容易理解的"一期一会"。这句话实际上出自与禅有深厚渊源的茶道思想：现在，与你相会的此时此刻，将不会再有第二次机会，终其一生仅此一刻。因此，要把能灌注的感情都灌注进去，以这样的心情无微不至地招待对方，这就是所谓的"一期一会"。

　　被招待饮食的人，或许是之后还会见面的人。然而，"某月某日，招待了什么人，当时的状态和心情"这样的瞬间是永远无法重现的。带着"今天有点累，随便招待一下吧"这样的心情招待别人，那么如此重要的时刻就会"随便"地荒废过去了。

　　无论何时，都要把"一期一会"的概念记在心间。若能如此，那便是极好的。你无微不至的款待，必能传达到客人的心中。

饮食的款待 2

根据季节变化使用不同食器，与每一刻的自然充分调和

与自然调和而生存，这也是日本文化的智慧，美的文化。随着四季变化，世界的颜色也各不相同。日本人与每一个时刻的自然充分调和，掌握了能够与之和谐相处的生存之道。

这不仅仅体现在根据季节调整衣着这件事上。春天喜好绽放的樱花；夏天挂上屋檐的风铃，窗户立上草帘；秋天远眺红叶，咯吱咯吱地踩着落叶；冬天烧火取暖。无论哪一项，都是和自然调和，享受自然的生存姿态。

根据季节调整盛放料理的容器，这才是"日本流"。比如说食器的花纹和素材，春天就是梅花或者樱花的花纹，夏天是令人凉爽的紫阳花或者水玉纹，秋天是秋之七草或

者红叶纹,冬天就用让人能感到温暖的朴素陶器,如此分开使用。这是只有日本才有的享受食物的方法吧。

不如把这样美妙的文化充分应用在日常生活中,试试如何?虽然根据季节不同来替换食器有些困难,但起码可以使用一两个能增加季节感的食器,这就相对容易做到了吧?

比如,准备几个江户切子(1834年发源于日本江户,"切子"即纯手工用金刚砂在水晶器表面切割磨刻细腻花纹的工艺,所制图形没有草稿,全凭匠心,一气呵成——译者注)或者萨摩切子(结合了中国的镀玻璃技法和欧洲的琢磨技术而制成的精细优雅的高级玻璃制品,为鹿儿岛县具有标志性的工艺品,驰名全日本——译者注)的玻璃杯或小钵。因为都是传统的工匠所倾注技艺的物件,可能会有些昂贵,不过如果这样清凉的风情可以驱走夏日的酷暑,岂不是物超所值?

小钵是使用范围广泛的器皿,玻璃杯不仅可以喝凉茶,还可以盛放素面或者荞麦面,可以盛放蔬菜,有各种各样的用法。梅子作为防止夏日倦怠症的常备食物,放进玻璃器皿,也很有感觉。请谁来家里吃饭的时候,这样的小玻璃杯也能够把热情款待的心情充分地体现出来。"有这样的杯子,真让人感到透心的清爽呢!"心情舒畅地说出这些话的客人,一定是怀着充满感激的心情的。

饮食的款待 3

不必拘泥于菜单上的规制，用心制作料理

　　出汁（日式高汤）是一种在世界上广受瞩目的日本食品。曾经，日本和法国做食品文化交流的时候，日本的板前先生被请到巴黎。日本的厨师团队和当地厨师团队用同样的食材制作各种各样的料理，然后互相品尝，相互评价。当地的厨师团队对日本的厨师团队所做成的料理中寄予最多关注的，也就是这出汁了。

　　的确，日本的出汁即便是在世界范围内也是可被称作炉火纯青的杰出汤头了吧。在外国也有不少有名的汤头，比如说法式小牛高汤。然而，日本的出汁细腻而醇厚，并且严格控制分寸，实属不易。奢侈地使用昆布、鲣节、鲭节、椎茸之类的食材，把其中的醇香榨干，尽数融进汤头，

这样的出汁，就算被称为怎么压也压不倒的支撑日本食界的顶梁柱，也许也不为过吧！

近年来，制作料理的时候自己制作出汁的人还剩下多少呢？因为出汁的制作方法千差万别，各家都有各家的独到之处，所以无论是何处的家庭，都会拥有代代相传的"自家出汁"方式吧。

继承了家传出汁绝学，可以自豪地说出"只有出汁是家母的直传"的人，岂不是让人觉得非常棒吗？对我来说，我对这样的人有"保护日本的美食文化，并且非常重视家族的羁绊"这样的好印象。可以感受到作为人的切切实实的魅力，实在是优秀极了。

出汁也正是如此，我认为日本人对食物的感受力优秀至极。在日本开的法国、意大利之类的名餐厅里的确可以吃到原汁原味的出汁，虽然也可以让人很享受，然而如果顺从日本人的口味做些调整，那么又会出现不同于以往的新鲜口感。日本式的法国料理，日本式的意大利料理，绝对不是对当地美食的简单模仿。

我有这样的感觉：被深得日本食文化精髓的质感、口味、气味过滤之后的外国料理，带给人的体验会达到更高的精度。虽然每个人的喜好都不同，无法一概而论，然而作为日本人的我认为外国料理经过日式调整后真的会变得更好吃。事实上，进入日本的地道外国美食不被接受，经过日式调整的料理因人气更高而被采用，这种事情并不罕见。"无论如何都想调配出满足日本人口味的食物。"这样的想法，和无微不至地想要满足客人的心是紧紧相连的。

即便是你的自制料理也一样，事实上根本不必拘泥于菜单上的规制，只要想想享受料理的人感受美味时陶醉的表情，脑海里浮现出他们开心的样子，也就足够了。心中想着："好嘞，一定要让你高兴！"这才是对客人无微不至的款待吧。

茶的款待 1

不过是茶，
然而是茶

请容我提一个问题。请好好想一想，或许你时常有泡茶的机会，然而你有认真考虑过泡茶的意义吗？

大概多数人都会回答"没有考虑过这种事情"吧。茶水什么的，从壶里直接把热水倒下去，只要灌到茶碗里不就得了吗？就是这么简单的一回事罢了，甚至还有把塑料瓶装的茶在微波炉里热一下这样的简约派。

被称作"茶圣"的千利休有这样的名言流传下来："所谓'茶之汤'，仅仅是烧水、泡茶、喝茶而已。"……你看，果然是吧！虽然会有这样的反应也属正常，不过实际上这句话的意义是很深刻的。

茶只是烧好开水再泡来喝，却有不简单之处。不要小看泡茶，仅仅就烧开水来说，就不光是把水倒进茶壶里，再放到炉子上烧这么简单。

"仅仅"的意思实际上是"全心全意"。仅仅把水烧热这件事，就要心无旁骛、全心全意地去做。把茶叶放到茶壶里，往茶杯里倒茶，都要专注、全心全意，仿佛宇宙之中只有这么一件事一样。

这样，每件事都可以灌注心意。沸腾的热水的量要如何把握，放多少茶叶比较好，需要等多长时间，往茶碗里倒到什么程度……任何一件事都不可马虎。

如此全心全意泡的茶，喝下去香味四溢，温度也刚好合适，是真真正正的享受。泡茶时专注的心，也会传到喝茶人的心里。要把"希望可以让客人喝到好喝的茶"的心情传达出去才可以。

因为倒茶这种事情太过于日常，司空见惯，我们心中难免会对此事产生懈怠。因此，贯彻"全心全意"的思想尤为重要。请泡一杯美味的茶吧！

茶的款待 2

舍弃外物，
举止和内心融为一体

"如同水流一样的动态"是形容人优雅的举止做派的话。茶道中的"理法规矩"，也就是"举止"，说的正是这个。每一个动作都不是无意义的，并且丝毫没有滞涩的地方。从放置于火炉上的茶壶中倒出热水，洗净茶碗，再在温热的状态下放入抹茶。这时，再注入热水，用茶筅一搅，向客人奉上。一切动作都像是缓缓而行的川流一般顺畅，没有一丝沉淀。

流传到现代的茶道是千利休完成的，那样的世界用"侘寂"这个词来形容再合适不过了。那么，这个"侘寂"到底是怎样的境界呢？

没有多余的东西，不必要的东西全部舍弃。这就是我对"侘寂"的理解。

舍弃外物之后所能彰显的东西，就是自然的姿态、本源的姿态。茶道的规矩不就是"因为舍弃了许多，所以不再有无意义的东西；因为自然，所以没有滞涩"的最好体现吗？茶道之所以美，也正在此处吧。

这个境界，在所有的举止做派上都适用。比如，和重要的人会面的时候，常常会觉得"至少得表现得更出彩一些"。因此，就会做出一些和平常不同的行为举止。结果如何呢？往往会遭受意想不到的巨大失败，这种例子难道不是很多吗？

正是因为有"要表现好"这种多余的思想，无法表现出自然的举止，就会做出多余的动作，说出多余的话语。请再次回忆一下举止和内心融为一体的道理。

禅宗有云：应当存在之物，有它自己存在的位置，像这样的存在就是所谓的自然。无论何时何地都以原本的姿态展现。除此以外，没有更能彰显你本身的美的方法了。

如何跟手机、短信、电脑打交道 1

一封信有着胜过十通电话的温柔

　　如果要做个现代人随身用品的排行榜，毫无疑问，手机一定会摘得桂冠。在大街上边走路边打电话的人随处可见，也有人因为打电话太过忘我而撞到行人，之后随意地说声抱歉，这样的例子也不算少吧。手机就是如此与我们的生活密切相关。

　　但是，在手机通话的内容里，真正必要的部分又有多少呢？恐怕也就只有30%的样子吧，70%的都是一些浪费时间的不要紧的话。

　　而且如果周围环境拥挤，打电话时就一定会提高音量。在众目睽睽之下，女性高声说着"啊，你说什么？听不太清楚哇！"的情景，对旁人来说不仅仅是感到困扰，还会忍不住地皱眉。至少也要明白在公共场合应做符合礼仪的事,如果能在自己心中定下这种规则,就可以防止作为一个人的"股价"暴跌。

让人误解自己与他人的关系也是手机所设下的圈套。有的人会将自己通讯录里的人数拿来炫耀:"我有好多好友呢。"但是,其中关系好的又有几个呢?因为太闲所以通话的人,只是接到了对方的电话而顺便聊聊闲话,如果基本上都是这样的来往对象,大家不觉得这种人际关系实在是有些太过孤单吗?

我并不打算否定手机给生活带来便利的"功劳",但是它也有淡化人与人的联系的"罪过"。将这一点谨记于心,发挥其便利的部分,这才是正确使用手机的关键。

已故作家渡边淳一在他的文集《观看与感受事物的方式》中这样写道:"一封信有着胜过十通电话的温柔。"

这也许为过于依赖手机进行交流的现代人敲响了警钟。

如何跟手机、短信、电脑打交道 2

桌面上只留下与"现在"有关的文件

无论是在公司还是在自己家里,每个人的个性都会由桌面的摆设情况体现出来。有的人即使是在项目进行到关键时刻时,也能将大量资料整齐地摆放好。当然也有些人,无论是正在使用的资料还是与过去工作相关的资料,都小山一般地摞在桌上。

"无论是哪一种情形,都与工作能力没有关系。"对于这种说法,我也算是认同吧,但是论"效率"又如何呢?应该是有相当大的区别了。如果将桌面整理得井井有条,那么就一定能迅速地找到需要的资料和书籍。

但要是资料杂乱地放置在桌上,就会变成这样:"的确应该是在这下面的吧。哎呀,怎么没有呢,那会在哪里?"

这寻找的过程将会变得比想象中还要花时间。也就是效率高低的较量，胜负分明了吧。

电脑桌面也是同样的道理，如果图标密密麻麻地布满了桌面，寻找需要的文件实在是很费工夫。人们不得不气急败坏地顺着一个个图标下的小字标题寻找下去。在这段时间里，是不可能着手于工作本身的。

以正在进行的项目文件以及自己参与的工作相关文件为最优先，试着做做电脑桌面的排列和整理怎么样？桌面上只留下与"现在"有关的文件。要是画面变得简明的话，不仅随时都能快速打开所需文件，而且还能起到确认自己应做事项的作用。根据重要程度用颜色来区分文件也是很好的。

与已经结束的工作有关的东西，也就是说和"过去"相关的文件，可以集中地移动到一个文件夹里。当然，要考虑到也许会有需要确认过去的资料和数据的时候，为了让自己寻找起来更容易一些，在这个文件夹里又可以将过去的文件以月为单位区分开来。一个月前的是红色，两个月前的是蓝色，像这样规律地排列起来也许是个不错的选择。

尽量整理得简洁一些,这是符合禅的生活的关键。

美点凝视，
专注地去发现对方的优点

人与人之间存在着缘分这种东西。有时也许不喜欢和一个人交往，并没有什么特殊理由，仅仅是因为"不怎么投缘""有点难对付"之类的感觉。和那个人在一起的时候，总觉得不自在，有些拘谨，总之负面的感觉很多。不过，这不仅仅是你这么觉得，对方可能也有相同的感觉。一般不会有对方全心全意地表现自己，而你却不想去关注对方这种情况。

日语中有一个词语叫"美点凝视"，美点就是优点、长处，这个词的意思就是专注地去发现对方的优点。作为一个人，无论是谁都会有优点和缺点。既然有优点那就必然有缺点。至于为何会感觉有些人不太投缘，可能是一味地去注意对方的缺点了吧。

由于过于注意对方的缺点，诸如皱眉头、板着脸这样的举动就会不经意间表现出来。像我之前说到的，改变一下视点，如果可以尝试着多发现对方的优点，不投缘这个问题一定也会有所改善。

"原来这个人还有这个优点啊。"如果可以有这样的发现，行为举止甚至表情都会变得更加平易近人。如此一来，对方也会有相应的改变，以往不投缘的印象也会一扫而光。

禅语中有一个词语叫"见性成佛"，意思就是明了自己本来具有的佛心，见到自己的本性，这样就可以成佛了。如果像了解自己一样去了解他人，发现对方的优点，以往那些觉得不投缘的人也会变得容易接受。这是很大的觉悟，也是作为一个人的蜕变过程。如此一来，你觉得不投缘的那个人在你心中的形象也会有所改变。

公共场合 1

不要笑话老人，
你将来也会成为这样

男女老少共同生存于世，这个世界就是这样的。为了共生，人们必须有自知之明。但是，现代社会却在逐渐淡忘这一点。在公共交通设施上，如果有老年人站在自己面前，许多年轻人会装作不知道的样子玩着手机或沉迷于手中的漫画书，还有的会装作在睡觉。对只能缓慢行走的老年人，也有年轻人会露骨地做出厌恶的表情，甚至一把推开他们，自顾自地走到前面去。你不觉得这些情景有些令人愤慨吗？

不知大家听没听过这样一句话："不要训斥孩子，你也是这样过来的；不要笑话老人，你将来也会成为这样。"就算现在是年轻人，也会一年年变老，无论是谁都逃不过这种必然，所谓"发生在别人身上的事，有一天也会降临在自己身上"，也就是这样了。

禅语中有这样一个词，"闲古锥"。古锥是指用久了，前端变得圆滑的锥子，这种锥子虽不能像尖端锋利的崭新的锥子那样轻松地开洞，但是看得出那是经过无数次使用而变得圆润的锥尖、磨得黑亮的锥身，这样的锥子能让人感到其难以言喻的沉稳。这也是这句禅语的含义了。

老年人的存在不正像这古锥一般吗？尊敬并重视老年人对年轻一代来说是基本的礼仪。但是也有着接下来的这种看法。

"让了座位，对方可能会说'我还没有那么老'……"

实际上也有这样上了年纪却精神抖擞的老年人。对这种老人，这时候作为关照就应该先问问他。

"需要坐一坐吗？""坐这里怎么样？"然后决定权就交给对方吧。这样也不会伤害到对方的自尊了。

无论老人是否接受你的让座，此时的气氛也会变得稍稍温暖起来吧。无论对方是否接受年轻人尊敬老人、重视长者的心意，他们都一定会以感恩之心回馈这份好意，场面自然就很温馨了。

公共场合 2

你扔下的一件垃圾，
不断吸引着其他垃圾的到来

你是否注意到过，有人打扫的街道，总是能令人惊讶地保持干净整洁；而那些总是散乱着垃圾的地方，就会有一波接着一波的垃圾堆积起来，变得宛如垃圾场一般。说到这样的现象，一定会有很多人发出"确实是呢！"的共鸣吧。

如果一个地方没有垃圾的踪影，就会给人留下"不能在这里扔垃圾"的印象；但只要有一件垃圾，有些人就会觉得"扔这儿也无所谓吧"。这真是人类的一种奇怪心理。你所扔下的一件垃圾，在不断地吸引着其他垃圾的到来。一想到这，就感到社会上应该严禁随地乱扔垃圾。

我们进一步来讲讲吧。无论是在酒店还是饭馆，又或是百货商场里,当你在洗手间时,看着洗手池发现"哎,居然积了那么多水,差点把衣服弄湿了",你一定有这样的经历吧?洗手池周围,因为大家洗手时水四处飞溅而变得有很多积水。由于是人流量很大的公用空间,洗手池附近就因为水滴一点一点地累积,变得湿漉漉了。

但是,试试用擦手纸将飞溅出来的水擦干吧。这样一来,在你之后使用这干净的洗手池的人,会对自己洗手时溅出来的水滴放任不管吗?"啊,我弄湿了洗手台,那必须自己擦干净才行啊。"大概那个人会这样想吧?

就算不是这样,使用周围一滴积水都没有的干净洗手池时,一定会感到心情愉快吧。仅仅用几秒,就能擦干洗手池周围的积水,而如此就能使下一个使用的陌生人感到舒心和愉悦。这样的行为不是很棒吗?

公共场合 3

忘我而为他人，
乃慈悲之极致

　　与过去相比，吸烟人士的处境算是发生了巨大的改变。曾经他们可以在飞机或是列车这种公共交通设施上，以及宾馆和饭店这样有着大量宾客的公共场所自由地吸烟。但是现在的情况是：飞机上严禁吸烟，车站站台也禁烟，新干线是几乎禁烟，各种各样的设施都有着禁烟规定，或者有区分可吸烟与禁烟的地方和时间段。对于吸烟人士来说，这无疑是个严格的环境。

　　出此对策，不仅仅是因为人们对吸烟行为的不满，还因为香烟本身对不吸烟的人们来说是一种困扰。不仅二手烟是有危害的，烟草的气味也让反感香烟的人无法忍受。比如在吃饭的时候，同一个空间里要是有人在吸烟，就算是离得很远也能闻到，这样一来，食物的美味程度和对食物的享受都会大打折扣。

在佛教里有句话叫"忘我利他"，这便是传教大师最澄所说的"忘我而为他人，乃慈悲之极致"。详细说来就是把自己的需求先放在一边，先考虑他人，让他人感到欢喜，这才是合乎佛教思想的处世之道。

人有拒绝吸烟的权利，也有厌恶香烟的权利，当然，相对的也有吸烟的权利，这是我们必须认可的事实。在烟味不会影响到他人的地方静静地享受吞云吐雾也是可以的吧。但是，在旁人易受香烟困扰的地方，"好想来一根啊"的想法还是暂时克制住吧，你应当做的是拿出为他人着想的态度与姿态。

"抽烟是一种完美的愉悦。"我记得这句话是奥斯卡·王尔德说的。但是，就算这是一件让人享受的事，轻易地屈服于这种快乐和为他人而压抑这种渴望，哪一种是可取的做法呢？不妨试着自己思考思考吧。

第五章

爱物惜物，感受人的温暖

使用风吕敷吧，让你的心意传达出传统香气的品味

说到风吕敷（日式包袱布——译者注），许多人脑海中都会浮现出"展开一张大风吕敷"这个说法，意思是吹嘘做不到的事，也就是我们通常说的说大话。然而，风吕敷可是在日本漫长的历史中顽强存活下来的日本传统文化。

它的起源要追溯到奈良时代，正仓院（日本奈良时代的一个仓库，在今奈良市，始建于八世纪后半叶。位置在东大寺大佛殿西北面——译者注）的藏品中就有这种用来包裹舞乐（伴有舞蹈的日本雅乐演奏形式——译者注）用的服装的布块，这就是风吕敷的原型。当初被称作"衣包"或"平包"，到了室町时代中期，因为禅寺的僧侣在入浴时用这种布来包裹衣

服,出浴时站在上面整理着装,"风吕敷"这个名字便诞生了。室町时代末期,"风吕敷"就在大地主之间传了开来,进入江户时代后在澡堂中开始普及,庶民们也开始使用它了。

即使在如今这个什么东西都放到背包或手包里带着的时代,风吕敷也有着其他包袋所没有的强大包裹功能。叠起来的话,能小到可以放到和服的怀中或者衣服口袋里;展开的话,则可以包裹相当大的体积和数量的东西。而且,不论被包裹物的形状如何,都能变换自如。有句话叫"水随形而方圆",无论容器是方的还是圆的,水都能变成容器的形状装入其中。而能包裹方圆之器的,就是风吕敷了吧。

大家应该都送过答谢礼给曾经帮助过自己的人。送礼时,一般是从纸袋里把东西取出来吧。那么请一定试试用风吕敷,把仔细包裹着礼品的风吕敷解开,将礼品递出去。这种举止无不传达着"我将精心挑选的礼物慎重地给您带来了"这样无言的信息。同时,和谢意一同传达出的还有散发着传统气质的品味。

当你送人红酒时,虽然红酒本身已经是华丽的礼品了,但是使用更能彰显酒瓶之美的风吕敷来包装着呈送过去,会如何?

身边常备擦手巾，
体会日本人的生活智慧

有望和风吕敷一同"复活"的擦手巾，在古代被用作清扫神佛塑像的神圣的道具，还因在举办祭神仪式时作为装饰品而被人熟知。从那时起到现在，各地的祭奠仪式上都有独特的擦手巾戴法，或者用擦手巾卷成擦汗带绑在额头上的习俗。朝气蓬勃的神轿轿夫头戴擦手巾做成的擦汗带这样的场面一定是少不了的。

擦手巾与毛巾或手帕之间的决定性区别，是其使用方法的随意性。擦手巾的用途之广几乎没有竞争对手。不用说擦手和擦身体，扫除的时候可以戴在头上防尘，冷的时候还能环绕在脖子上当围巾。化妆和整理头发时把它铺在肩膀上可以防止衣服被弄脏；全身心投入工作和学习的时候，还能将它拧成一条绑在额头上，激励自己一鼓作气地好好干。

现在的和风餐饮店门口经常挂有"暖帘"，这也是从擦手巾发展而来的。江户时代卖寿司的路边摊里，食客们也有吃完饭离开时把拿过寿司的手指在擦手巾上蹭干净的习惯。

草鞋上的绳子如果断了，也能用擦手巾来代替；江湖男人穿着和服便装，把擦手巾往肩部一搭，顿时平添几分英俊潇洒。这么看来，从擦手巾的使用方法中便能反映出日本人的信仰之心、生活的智慧以及消遣之心。

可以说，身边常备擦手巾，能让我们更亲近日本文化并与之相通。说到擦手巾，就觉得"老旧""老土"的话，明显是了解得不够深入。大量设计和用色都充满现代感的时尚擦手巾也陆续登场。东急手创和LOFT（东急手创和LOFT都是日本的连锁杂货店——译者注）都设有擦手巾专区，东京浅草等地也有专卖店。现在将擦手巾用作围巾和头巾的人也多了起来，应该可以找到不少店铺。擦手巾实在是太值得被重新审视了。

用水将地板洗净，
郑重地等待客人光临

　　经过和风料理店或小酒馆的门前时，我们经常会看到玄关前的地上有很均匀的水痕，这是因为店家洒过了水。洒水的意义在于用水将地洗净，以做好万全的准备，郑重地等待客人光临。当然，也有在小盘子里盛盐，堆成圆锥形的"摆盐"这种做法。无论哪种做法，都表达了店家欣然迎接客人并想要为客人带来周到服务的决心。

　　日本古老的风俗里，水和盐都有清洁的功效。去寺庙和神社参拜前，参拜者都要洗手漱口，参加完葬礼之后也要用盐来清洁身体。直到现在，也依然延续着这些从古代传下来的习俗。

　　洒水不但可以防止尘埃飞舞，在夏天看着也凉快，而且实际的温度确实会下降。洒水带来的这些实质上的效果，不得不说也是生活的智慧所在啊。

　　茶会和茶道更少不了洒水。主办方的主人在确认一切都准备周全后，会在露天的地面和玄关地面上洒水。来客进屋之前看到洒过水的入口，便知道应该从此处进入了。主客之间不必专门进行一番"来，快请进""打扰了"之类的对话，通过洒水便可让双方默契起来。仿佛是通过洒水传达着一致的呼吸声。现代人的日常生活中可能没有什么洒水的机会了。如果是独门独户的房子，还能无所顾忌地做，在公寓还这么做的话就很可能被邻居抱怨了。不过，在迎接客人的时候，即使不能洒水，也请抱着这样的心情来欢迎对方吧。在不能洒水的情况下，光用水擦湿水泥地面或楼梯间，也能给人带来不一样的感受。

　　此外，装作不经意地将特意为那位客人选的拖鞋放在玄关处，或者特意为爱吃辣的客人准备自己平时不会吃的辣椒面等调料，等等，这些只属于你的"洒水"也会让客人开心的！

款待客人时最好使用方便筷

方便筷是日本独特的饮食文化之一，也可以说是将款待客人的心表现成具体形式的一种方法。为来家里就餐的客人准备一双新筷子，这时就需要我们的方便筷出场了。

可以事先将方便筷拆开到一半，最后由客人自己完全拆开，如此就能把"未使用过""干净"的信息自然地传达给客人。方便筷包含的信息自然是不言而喻的。只是手边简简单单地放着的一双筷子，却能进行一番"为了您特意准备了一双方便筷""感谢您的费心招待"的交流。从这些预先进行的行为，或是有深刻含义的举止中，便能看出日本文化中了不起的地方呢。大家觉得是吗？

顺便说一下，方便筷的使用是从江户时代中期的江户、大阪和京都等大都市的庶民去餐馆吃饭时开始的。使用频率最高的大概是鳗鱼饭的餐馆。

因为方便筷是一次性的，其对森林资源的影响和焚烧后留下的二氧化碳问题等一直受到批判。虽说这样的问题肯定不能忽视，但是方便筷的原料一直是来源于木材加工时留下的边角料，或者间伐材（又称为疏伐材。人工林树木的间距较密，须将部分树木伐除，以维持足够的树木间距，使树木获得充足的阳光，树根有扩展的空间，让森林生长得比较理想，伐掉的木材就是间伐材——译者注）。

知道了方便筷文化形成的经过之后，我们可以在不招待客人的时候，比如点外卖或者在便利店购物时，少用一点方便筷。

千江同一月，
随着月龄日历生活

日本人自古以来就喜欢享受月光，欣赏月亮。修建建筑时设立一个能看到月亮的"观月台"，或是在能看到中秋明月的位置修窗户等为了欣赏月亮而产生的各种各样的点子数不胜数。

人们熟知的有足利义政修建的京都的银阁寺（正式名称是慈照寺）的"向月台"，用白沙堆成富士山一样的形状后固定的向月台，和它旁边同样用白沙做成的波浪形银沙滩，说是为赏月而建的最优秀的杰作都不过分吧。已故的艺术家冈本太郎先生在《日本的传统》一书中，表达了自己第一次看到向月台时的感动之情："这是我所发现的快乐中，最重要的快乐之一。"

禅也将"真理"放在月亮上。

有一句禅语叫作"千江同一月",意思是各不相同的几千条江流的水面倒映着同一个月亮,也就是说,无论是浑浊的江面还是清澈的江面,倒映出的月亮都没有区别(真理就在这里)。

没有分别地、同等地珍惜每一个生命,众生平等,这便是禅之心。偶尔眺望月亮时,不妨驰骋你的思绪,想想在月亮里看到了真理的禅之心吧。

在旧历里,每个月的第一天叫作"朔日"。据说是从"月亮升起"这个意思来的。月亮升起便是月亮显现出来的意思。以月亮的盈亏来计算月日的旧历中,新月出现的日子就是一个月中最初的一天。可见月亮和我们的生活是紧密联系在一起的。

现在,写有月亮盈亏的"月龄日历"在悄悄形成一股热潮。"啊,今天晚上是满月吗,回家就不绕道了,晚上在阳台赏月吧!"忙碌的日子里,若是有这样的时间,感觉心情都会变得平和呢。那么你也试试怎么样?

珍惜和家人在一起的时间：
可以的话三代人一起住吧

人无法一个人生存，这个道理谁都知道。人们都生存在与他人的羁绊中。这羁绊的最小单位，就是家庭。禅语中有"露"这个词，我认为这是家庭关系的基本。全都公开出来，没有一点隐藏，这就是露。

过分地修饰自己，夸大自己，过于谦虚，抑或是阿谀奉承……这些在世间的人际交往里的虚伪表现，都不是你自己。能让我们用真实的自己和毫无修饰的内心去面对的，不正是我们的家人吗？然而，当今社会，许多家庭里家人之间的关系变得越发疏离。

正是在这种时候，我才更加希望大家能珍惜和家人在一起的时间。平时的生活节奏稍微错开一点也没关系，不过最好一周至少保证一次全家围坐在餐桌旁一起吃饭。大家觉得怎么样呢？因为一起吃饭的时候自然而然地便能聊起天来。即使是没什么重点的拉拉杂杂的聊天，也会让大家有"原来他最近在干这个啊"的感觉，互相了解了对方不常见的生活状态，也能更加深切地感觉到自己和家人之间的联系。也可以说是回到了人的生活的原点。

长幼顺序的严格，待人接物的体贴，凡事要谨言慎行等等，都是日本人从祖先那里继承下来的美德，它们并不是什么需要特意提出来说的东西，只是成长过程中逐渐形成的涵养。而这种良好的现象只有好的家族中才存在。

到了现在，核家族（指仅仅由夫妻与未婚的子女所构成的家庭——译者注）化的逐渐加速，不用说三代人一起住，连两代人一起住的情况都非常少见了。首都圈的人口，尤其是年轻一代，居住非常集中，由此带来的住宅紧张问题也日益严峻起来，与此相关的问题也堆积如山。如果轻易地对传统文化中家族这一传统置之不理的话，那真将是十分遗憾的一件事。

三代人（或者两代人）尽可能地住近一些，增加一些相互接触的机会，现在开始这样做还不晚。禅的本分是实践，不如就从你力所能及的事情开始实践吧。

即便有点贵，
也要买真正喜欢的东西

你在购物的时候，是会花时间认真考虑再买，还是当即决定呢？在如今这个物质资源丰富的时代，很多人的想法都是：总之先买了吧，要是不喜欢了的话再买别的就好啦。

但是，这样买来的东西处理起来又是个问题，管理起来也是草草了事。拿起衣服说："这个该放哪儿呢，算了，反正也不贵，丢了再买就好了嘛。"这种情况也不少吧。

当然，消耗品和普通的生活用品，在百元店买来暂且将就用用也是可以的。只是，那样对待物品的态度却让人有点难过。

即使价格贵一些，拥有深思熟虑后买来的、让你依恋的物品的话，人生就会变得丰富起来。比如说十分想要，于是为了它辛辛苦苦地攒钱，最后买到手的钢笔，当然会无比珍惜，小心保存，这样更会让你越用越爱不释手。道元禅师提到过的"他己"这个词，意思就是把他（物品）和己（自己）想成一体。

所谓物品，不只是人所拥有的东西，更是人可以亲近、依靠的东西吧。

"这是第一次给他写信时用的钢笔，也是两年后写结婚申请表用的钢笔。当初写母子健康手册的时候，因为很高兴，所以用的是明亮的蓝色墨水……"

从这个角度看这支钢笔的话，人生中那些令人印象深刻的点点滴滴也变得历历在目。你是不是也想将自己的人生与物品联系起来，一齐向前迈步了呢？当物品变得栩栩如生，人生也会在不经意间被染上色彩，这是多么美好又丰富啊。当然，百元店的东西也可以合理运用起来，这样张弛有度的购物也不错。

再利用，
给物品注入新的生命

茶道中有"再利用"这种做法。意思是，一个东西坏掉了或是用太久磨损了，把它当成别的东西来用就好了。不过这不单单是小心地使用物品、不浪费那么简单，还有给物品注入新的生命，让它直到生命的最后一刻都能发挥自己的作用的含义。

我担任住持的横滨建功寺里有一片竹林。为了让它们更好地生长，要在竹子与竹子之间留出间隔，这便要砍下不少的竹子。然而这些竹子被砍下来之后生命并没有结束，我会将它们作为插花的容器，或是在"万灯除夜之钟"（横滨建功寺的新年祭祀活动，在日本新年的除夕夜里点上许多祭祀灯笼，供大家祈福，还有撞钟的仪式——译者注）时作为放蜡烛的烛台使用。

即使作为扎根在大地上的竹子，它的生命已经结束，但是它又被注入了新的生命，作为花器和烛台将生命延续了下去。到了最后它将被烧成竹炭，放在房间里作装饰，或者作为礼物送给施主，还可以放到火炉里烧来取暖。然后，烧完剩下的灰还能回到大地，去孕育那些新的竹子的生命。

建功寺的竹子就这样在形态的变化中得到了永恒的生命，生生不息。

在生活中有意识地做到再利用，对事物的看法便会发生巨大的变化。比如，让你说出"这个花纹和设计都有点过时了啊"的那条一直被扔在柜子深处的半身裙，也能让你有"等等，有什么方法可以活用一下吗？"的想法。然后各种各样的活用方法便在你的脑海中浮现出来。

再比如，将现成的包书皮拼贴一下，就可以变得更特别。再稍微动手加工一下，就可以变成盒装抽纸套或者餐具垫，还能装饰在相框上。活用的方法是无穷无尽的。

仅仅是思考"怎么弄呢"，也能有不少乐趣，动手做起来就更有意思了。

　　你也试试用再利用给身边不用的物品注入新的生命吧!

舍弃之后所充满的，
一定是更美好的生活

　　前面我围绕着再利用讲了那么多，接下来就要说到如何减少浪费这个问题了。现代人被大量的物品包围着，人们也许会对"应该将什么再利用"感到迷惑。我想大概没有人会觉得自己家里所有东西都能派上用场吧。这时，丢弃一些东西也是有必要的。

　　但这么一说也让人感觉很难办。因为这世上可是有舍不得丢东西的所谓"囤积病"的存在呢，作为一个普通人，一定会对事物的某些价值心有执着。那么，在心中为自己定下一些规则，就是我们舍弃东西的秘诀了。

　　比如说，规定"丢掉三年里一次都没用过的东西，以及三年里一次都没穿过的衣服"。试着去想想自己从前的经验吧：三年没用的东西，我还会再次使用吗？放了三年都没穿的衣服，之后我还会穿吗？答案应该是"NO"吧。

既然如此，这些东西就是单纯地在占领你的生活空间。丢弃的方法也是多种多样的。如果有他人能用的东西、能穿的衣服，就把它们送出去吧。有些志愿团体致力于筹集生活物资，捐赠给贫困的国家和地区的人们，我们也可以把衣服之类不用的东西集中起来捐赠给这些组织。当然，将它们放在二手市场出售也是一个好办法。

丢弃了那些没用的东西之后，生活空间自然也就变大了，这样我们也能过得更加舒适。丢弃物品也就是放下自身的执着，这样也能让心情变得轻松起来吧。并且，为了决定要丢掉的东西，人们必须认真分辨出什么是重要、必要的东西，什么是不需要的东西。最后，身边留下的就只有那些最重要且必要的东西了，我们一定会好好珍惜这些重要的东西吧。通过丢东西，我们就能自然而然地实现珍惜万物的生活。就如道元禅师说过的"放开手，才能满手"。

放开（舍弃）之后所充满的，一定是更美好的生活！

要成为优雅的人，
接触日本文化不可或缺

没有什么能比日本文化更加会安抚、治愈并平静人心了。说起来也许有些自赞自夸，但禅院大概是日本文化中最具这种力量的存在了。仅仅由岩石的组合和白沙构成的庭院，虽说怎么看都是一派朴素的画面，却透露着深奥而宏伟的气息。站在这样的禅院面前，我想所有人都会被澄澈的宁静打动吧。

能够制造出寂静氛围的就是"留白"。位于京都禅宗古寺龙安寺中的枯山水庭园，是被列入世界文化遗产名录的名庭，然而整个庭院中，却只在各处安放了总共五组岩石。余下的只有在寺庙前堆积的白沙以及空无一物的空间，也就是所谓的留白。我能感受到这些余白和石组相互呼应而产生出无限的平静，酝酿出永恒的寂静。当你注视着这样的庭院，那平静便会渗进你的心里。

在京都和镰仓有着很多禅宗古寺，大家不必特地走多远，也能在离自家近的地方找到这样的地方。偶尔去看看吧，并且试着在禅院前面稍稍驻足如何？

人活在这世上，会受到工作、人际关系以及各种因素的影响，难免会感到心力疲惫、心情浮躁。对大家来说，最重要的是不要对这些困扰置之不理。不光是通过禅院，也可以通过书籍或绘画，或者是一壶热茶，借由各种事物来使自己的内心平静下来。

然后，用这颗平静下来的心驱走那些烦恼和迷茫吧。在我看来，优雅的生活方式便是如此了。

后记

体会"美",拥有"美",活出"美"

我注意到,最近日本人的行为举止一年不如一年,变得非常不得体,有失规矩,我十分担忧。究其根源,一部分原因是人们在时代的洪流中,逐渐被西化;此外,对个人的权利看得极重也是一个很大的因素吧。

虽说重视权利是好事,但从另一个方面来说,这样的社会对人们的日常行为和自律心的要求也是极高的。然而现在,有些人打着行使权利的旗号,认为只要不给他人带来困扰便可以为所欲为。这样的意识已经在现代社会中蔓延开来,并越传越广,日本人也在迅速地失去其恭谨和谦虚的美德。

这种不得体的行为不仅出现在年轻人当中,连向来被认为举止得体的中年人也渐渐有了这样的行为。我想,在电车上等公共场所目睹了这种行为举止,应该没有人觉得舒服吧,是否会产生一种想立刻扭过头的冲动?眼前所见仅仅是年轻人的话也还可以理解,但是如果看到衣着讲究的绅士或淑女做着不太得体的举止行为，感到幻灭的恐怕不止我一个人吧。

有些行为能使周围的人感到心情愉悦，相反，也有些行为会让他人心生厌恶。这些行为也许只是细微的举止、措辞，但都是由心展现出来的。

这本书里，我集中总结了人们由心灵展现出来的优雅举止。如果谨记这些行为，并身体力行，无论是谁都能够成为美丽的人。

有失规矩的举止在旁人看来绝不是什么优雅的样子。所谓人之美，不仅仅是容貌和身材这种外在的东西。真正的美，源自人内心的渗透，是基于内心所展现出来的言行举止。

我一直以来都对这些事感触很深，正好此次受到幻冬舍的袖山满一子女士的邀请，就执笔写了这本书。如果读者在读完本书之后，能够拥有优雅的举止，以此让自己变得更加优秀，我也就因此种下了善的因缘。我是怀着这样的心来写下这本书的。

每天从力所能及的事情开始，注意一点一滴，端正生活中的言行举止，渐进地改善，等你回过神来，应该会发现这些优雅的言行举止已经很自然地成为你生活的一部分了。

也可试试这种办法,把本书放在身边,时不时地翻开看看。把翻到的那页作为自己当天的行动目标去实践。

希望通过这本书,你能了解美、拥有美,并活出真正的美。无论如何,若是那些想学会优雅举止的读者能喜欢这本书的话,我将感到无上的喜悦。

合掌
二〇一二年五月吉日 枡野俊明于建功寺